静岡県・高草山

# 低山の四季博物誌

目次

## 高草山

追憶の潮山

# はじめに

高草山は志太平野の東を区切る山で、平野に住む人々が日々眺めて親しんでいる。山体は縦四・五km、幅三kmと長く大きく、山頂は南に寄って五〇一mの標高がある。市街地に突き出した山なので耕作地が多く、茶、みかん畑が沢山あり、舗装された農道が縦横に走っていて登山道も沢山ある。

私は六〇歳になって趣味と健康のために登山をするようになった。休日に毎週一回山へ登ることにした。それ以来、静岡県中部の山はほとんど登って、県内外の三千m級の山、雪山、藪山にも出掛けている。普段は高草山へ登る。高草山の麓までは車で自宅から二〇分かかる。標高五〇〇mは低山であるが急峻で、登るには一時間強かかり、手軽でちょうど良いトレーニング場を提供してくれる。

この五年間、月に二〜三回登っているので高草山は私の馴染みの山になった。いろいろの道を通って、時には道のない所も歩いてこの山に詳しくなった。

私はもう随分昔になるが、高校生の時生物部に入って昆虫や植物採集で山へ入って登山も覚えた。六〇歳になってまた山を始めたのも自然の帰結といえるのだろう。

「同じ山へそう何度も通って飽きませんか」という人がいたが、山へ入る度に新しい発見があって、私にとって高草山はいつも新鮮だった。山に四季があって、動物も植物も主役、脇役が沢山現れて次々に交代していく。こんなに身近な低山にもさまざまの変化があってドラマが進行していく。そこには驚きがあり感動がある。草も木も、虫も鳥も動物も、風も雲も、太陽も星も、寺も神社も、城址や古い歌碑も、山に関わるさまざまの物や事象が関心を引きもっと知りたくなる。生来のなぜなぜ小僧の性分が還暦を過ぎてまた動き出した。私はいろいろの図鑑を仕入れてここ三年、草や木や鳥や虫の名前を覚える努力をした。そして少しずつ覚えた名前が増えるにつれて山が近づいてきて山への愛着が強くなってきた。

山の自然は奥深い。荒々しく残酷で神秘があり、美しく優しく懐かしい。山になんども足を運んで山にどっぷりと浸かってみると、山はいろんな局面で多様な姿を見せてくれる。

人が年を取ったり大病の後などで死を近く感じると自然がいとおしくなるという。桜の美しさに感動し散る桜は哀れを誘う。赤く咲く花の生命力に圧倒され白い花の清潔さに打たれる。新緑に命の躍動を見、紅葉は美しいが散ってゆくはかなさがある。自然の営みを敏感に感じ、感動はより深くなる。私がそういう年になったのかも知れないが、高草山は私に感動を与えてくれた。私はこの感動を人に伝えたいと思った。誰かがこの感動に共鳴してくれれば嬉しいと思った。そしてそのために本にまとめようと思った。もとより浅学非才の身で、しかも一夜漬けの付け焼刃では結果は押して知るべしなのだが、自身の勉強になり同好の士へ一石になれば良いと思った。

この本は私が平成十五年に高草山を歩いた一年間の記録である。山を紹介するのにこの山の沢山ある登山道を縦糸に、自然の四季変化を横糸にして布を織ってみた。各登山道に特徴があってそれに合わせて出番を決めたのだが、一本の道の季節の道具立てに過不足があって、書きたいことの有無や取捨に苦労した。

この本は高草山について書いたが、ここで起こっていることは、静岡県の低山ではどこの山にもあてはまる。関東以南の日本全体でも同じようなことが生起している。その意味で一つの山を仔細に知れば他の山を知ることになる。「一山知らば、百山に通ず」である。

この本は基本的には山に登った自然観察の記録で、一年の季節の変化を追ったものであるが、この地域が古くから開けて交通の要衝であり、歴史的な旧跡も多い。宇津の谷という名だたる歌枕の地もあって文学の薫りもある。全体を合わせて一つの山が少しでも浮き彫りにできたなら嬉しい。

「追憶の潮山」は私の少年の頃の山の記憶や故里への思い、過ぎてきた青年期の志向や自然への憧憬などの「過去の山との接点」を綴ってみたが、誰でも持つ共通の思いとして共感を頂けるであろうか。

そしてこの本から少しでも山のことを知り、自然への親しみが深まって頂けるなら望外の喜びである。

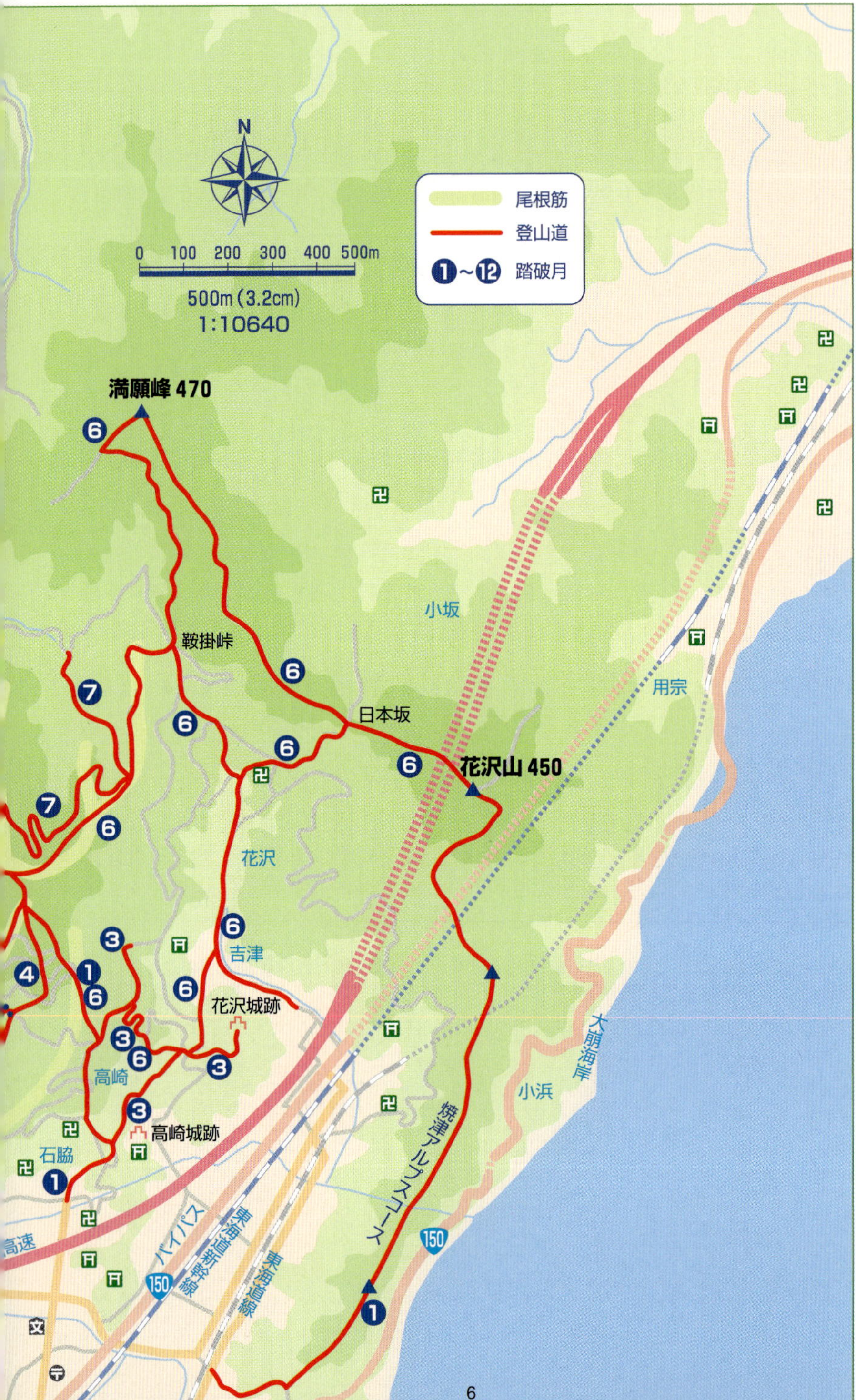
N
0 100 200 300 400 500m
500m（3.2cm）
1:10640
尾根筋
登山道
❶～⓬ 踏破月
満願峰 470
鞍掛峠
日本坂
花沢山 450
小坂
用宗
花沢
吉津
花沢城跡
高崎
高崎城跡
石脇
小浜
大崩海岸
焼津アルプスコース
高速
バイパス
東海道新幹線
東海道線
150

高草山登山道
道の駅
279
宇津ノ谷峠
宇津ノ谷
宇津ノ谷峠
298
坂下
道の駅
横添
柏屋
岡部
廻沢
道はない
廻沢林道
バイパス
396
岡部町役場
本郷
池の平
高草山
一本杉
潮見平
三輪
神神社
方ノ上城跡
策牛
関方
方ノ上
坂本
焼津

# 高草山

## 一月の石脇コース

冬枯れの一月の山にも梅やヤブツバキなどの冬の花が咲き、林床には蔦やシダ植物が元気だ。秋の稔りの赤い実がまだ豊富で、鳥たちも元気だ。

高草山全景

二〇〇三年のお正月は天気があまり良くなく、県下はどこも良い初日の出は見られなかった。正月二日の天気は良く、空に一片の雲もなく晴れた。私は今年最初の登山のために車で勇躍高草山に向かった。正月登山というわけだ。

高草山は焼津駅から見れば北に大きく立ちはだかって、志太平野の東側にそびえている。南アルプスの高みがずっと南に延びてきて海に落ち込むその先端が高草山なのである。志太平野には焼津、藤枝、島田の三つの市と岡部、大井川、金谷、吉田の四つの町があり、合わせた人口は四十一万人になる。東側の静岡市は清水市と合併して七十一万人の政令都市になる。高草山はその両市街の間に差し込まれた山塊で、市街地に立つ山だけに登山口は沢山ある。

山は南西に向いて、脊稜線は北西に長く伸びて二㎞近くあり、歩けば一時間かかる。山の傾斜は強いが南西面は耕作地もあって、お茶畑が多くみかん畑もある。そして舗装された農道が縦横に走っている。登山道としてはいささか興ざめな点もあるが、海も近く眺めが良いこともあって手頃なハイキングの山として親しまれている。山の裏側になる北東面は杉の植林などで深い森に覆われている。

今日は石脇コースを登る。焼津駅から登山口までは二㎞あり、駅の北口から瀬戸川にかかる橋を渡り、一五〇号バイパスに出て二百mの所に山に向かう大きな直線道路がある。東益津小学校の前を通って東名高速道路をくぐると石脇集落で、歩いて三十分の道のりである。

石脇コースの登山口には大きな案内板がありその裏側には付近の

名所案内もあり、トイレも立派なものがある。駐車場は特にないが道脇に数台は置ける。右に山に上る農道が向かい、登山道は北へ住宅地に入っていく。この道は奈良時代の東海道幹線になっていた古道で「やきつべの小道」という。

　住宅のさざんかの垣根が目に鮮やかである。庭で灰茶色のモズが尾を振っている。クロガネモチ、ピラカンサ、サンゴジュ、南天、万両といろいろの赤い実をつけた庭木がある。

石脇からの高草山

ナンテン

ピラカンサ

　常楽寺の入り口にはフユサンゴが丸い橙赤色の実をつけていた。冬になって実が色着く。茎は草のように柔らかで丈も小さいが木本である。

フユサンゴ

　山にかかると落葉した大きな欅の木にヒヨドリが数羽いて、隣の大きなカラスザンショウの木にはカラスが十羽ほど群らがって盛んにその実をついばんでいた。下のコンクリートの車道にはその実が沢山落ちこぼれて、お行儀が悪い。カラスザンショウとはこの実がカラスの好物なので付いた名である。そしてカラスの食事が終わるのをヒヨドリは隣の木で待っているのだろうと思われた。

　住宅が切れて山に差しかかった所にロウバイが満開であった。中国が原産の黄色で蝋のように透き通った梅に似た花で良い香りを放って春一番に咲く。この花に会えて今年の最初の春に出会えたと喜んだ。

ロウバイ

　風口坂のトンネルを抜けると眼前に大きく花沢山が目に入る。道は分岐して、左すれば「高草山ハイキングコース」の標識があり、車道を離れてこれから登山道になる。杉林の間に竹が混じり、一抱えもある大きな槇《まき》の風除け垣がある。楠《くす》やタブの木もある。

テイカカズラ

テイカカズラ（7月）

　比較的明るい林床には蔦《つた》植物が元気だ。地表を覆い、木にもから

キヅタの花（8月）

キヅタ

み着いている。目立って元気に林床を覆っているのはテイカカズラである。キヅタも多く元気に高くまで木に這い登っていたりして、冬蔦とも呼ばれる。コショウ科の

フウトウカズラ（11月）

フウトウカズラ

フウトウカズラもハート形の葉を繁らせている。肉料理には欠かせない胡椒に似て、秋にコショウにそっくりな赤い実を付ける。冬は他の植物が休眠しているだけに蔓《つる》性の植物が目立っている。

山道は明瞭で梅のある所に出る。道の下に数本、上に二十本ぐらいある。麓から十五分で、ここからはずっと茶畑になる所である。お正月のことで例年なら梅の開花はまだなのだが、この十一月に寒波が来て十二月に暖気が来たので、今年は梅の開花が二週間も早くなってここももう数輪開花していて新春の気分が味わえる。

梅一輪一輪ほどの暖かさ　嵐雪

梅が香にのっと日の出る
　山路かな　芭蕉

梅の良さは昔も今も変わらない。梅は遣唐使が中国から持ち帰った花だが、良い香りと楚々とした美しさと寒風に凛と咲く頼もしさが日本人に好かれて平安時代には人気一番であったという。歴史上梅好きで最も有名なのは菅原道真《みちざね》で、大宰府（福岡）に左遷される時に詠んだ歌がある。

梅

東風《こち》吹かば匂い起こせよ梅の花
　主なしとて春な忘れそ

平安文学の最高傑作といわれる「源氏物語」に紅梅という帖がある。薫の君の交わした梅の歌がいくつかあって当時の梅への嗜好が

うかがえる。一月の末にここを通ったら紅梅も白梅も満開で山道は芳香に溢れ、メジロが沢山集まって盛んに蜜を吸っていた。

メジロ

山道のヤブツバキもまだつぼみだが、数輪の開花があってこんなに早く冬の花の代表的なものが見られ嬉しい気分になった。満開は二月だ。

ここからはほとんど茶畑の中を歩き、高い木もないので眺望が良い。高草山は標高五〇一mでさほど高くはないので低山なのだが、急峻で案外ハードな山である。既に何人かの登山者に出会ったが皆リュックを背負っていた。普段、地元の人がちょっと登ってきたというふうな例外の人もいるが、大抵は登山スタイルで登ってくる。

ヤブツバキ

この石脇コースは南の尾根を登るので明るく、楽しい。見返れば眼下に焼津市が開け駿河湾が広がっている。今日は晴天で風もなく、ずっと続く茶畑の中を行けば背中は日に照らされてポカポカと暖かく、心新たなお正月の気分と重なって身も心も軽くなる。山は私を暖かに包んで、神聖で今年も何かいいことがありそうな気分にさせてくれる。

マメヅタ

茶畑は段々になっている。段は夏には草で覆われるが今は冬枯れてむき出しに近い。登山道脇も地肌が出ている。そんな中で例外的に元気な植物はシダである。他の植物が冬には地表から姿を消すのにシダは緑の葉を繁らせている。

日の当たる登山道にも光の弱い林の中にもシダ類が目立っている。

マメヅタは小指の先ほどの大きさで丸いおはじきのような黄緑色の葉を持つシダらしくないシダで、林床や岩につく。ヒトツバも岩などに群生する二十cmくらいの葉が一枚だけの単羽葉のシダで、裏は茶色い。

ヒトツバ

カニクサは細い茎を二mも伸ばして木に這い登って、低い木などは覆い尽くすほど元気で目立つがこれも変わったシダである。シノブは葉が細かくて美しいので夏の釣忍などにして楽しむが、タチシノブを見つけた。

タチシノブ

カニクサ

ヤブソテツ属の葉は大型で単羽状に分裂し、幅広く先端が鎌形に曲がって独特の形になる。オニヤブソテツは葉が厚く光沢があり、

オニヤブソテツ

ヤブソテツ

緑が濃い。ヤブソテツは普通に見られる。

　イノモトソウがある。同じ株に細い葉と幅広のものがあって別の種類のように見えるが、栄養葉は幅広で胞子葉は葉が五㎜ぐらいに細くなり、背高になる。基部は翼状になる。オオバイノモトソウは大形である。葉の中央が白いマツザカシダも見つかる。これらは同じ仲間である。オオキジノオも羽状に分裂する。

イノモトソウ（胞子葉）

イノモトソウ（栄養葉）

オオキジノオ

オオバイノモトソウ

　これらのシダは特徴があるので図鑑で調べられるが、シダらしいシダは皆似た姿をしているので同定は難しい。日本には七百種のシダがあるという。花が咲いてくれれば判定も容易になるがあいにく隠花植物である。私はシダを採取して静岡大学の農学部の湯浅先生に持ち込んで同定をお願いした。
　ホシダは日当たりの良いところに沢山あって中型で先端の羽片が長い。フモトシダは茎元の葉片が一つだけ大きいのが特徴でここでは沢山見られる。
　オオイタチシダは大きく力強く、美しさがあり、胞子嚢は一列に並ぶ。アマクサシダは茎が細い針金のようで、先端の羽片が長く、各羽片の後ろ側だけが分裂するので分かり易い。クマワラビは先端につく胞子が散って、この時期先端が枯れている。葉は薄緑色で柔らかく、茎は茶色の毛があるのでクマなのである。トラノオシダは小さいシダでこの道には普通にある。

　見慣れたウラジロシダもあった。正月飾りにする葉裏が白い大型のシダだ。

　低山の一本の登山道でここに挙げた十数種類のシダに出会った。

フモトシダ

ホシダ

アマクサシダ

オオイタチシダ

トラノオシダ

クマワラビ

高草山などで百二十種のシダが記録されていて、私もこれから更に多くのシダに出会うことになる。

恐竜は六千五百万年前に絶滅したが、草食恐竜は花の咲かないシダ類を主食とした。その時代は巨大化したシダの全盛期であったが、シダは強い生命力で今も栄えている。花の咲く植物は一億年前に生まれ、氷河期以降に大発展した。

茶畑を行くとカラスザンショウが何本か並んでいて赤茶色の実をびっしりとつけ、ヒヨドリが盛んについばんでいた。食べ方は上品でさきほどのカラスのように食い散らかして道にこぼしてはいない。よろしい。

山を登っていくと右手の花沢山と高さが同じになってくる。花沢山は尾根を海岸に沿って西に「簡保の宿」の先まで伸ばしている。簡保の宿から花沢山へは稜線伝いにハイキングコースがあり、海と山を振り分けに見ながら二時間強で歩く「焼津アルプス」と呼ばれる良いハイキングコースがある。海側は急峻な名勝「大崩海岸」である。海風が直接当たる場所で亜熱帯性、沿海性の樹木が多く、このコースの植生の特異性には驚かされる。スダジイは海に近い場所に育つが、このコースはスダジイだけでツブラジイは見られない。

ウラジロシダ（6月）

焼津アルプス

ヤブニッケイ

ヤブニッケイ、マルバノシャリンバイなどは沿海性が強く、このコースで見られる。イヌガシ、シロダモは暖地性の木だ。シロダモには冬に真っ赤な実がついている。シュロも熱帯性である。

亜熱帯性のクスノキ、タブノキも大木が多く見られ、暖地の沿海に多いヒメユズリハは大きくならないが、海に向いた急斜面にしがみついて純林が広がっている不思議な場所があって目を見張る。

シロダモの実

このコースは亜熱帯の照葉樹林帯の特徴があって樹木観察に良い場所である。これらクスノキ科の樹木は熱帯、亜熱帯に分布し、いずれも香りの良い精油を持っていて葉も木も良い匂いがする。匂いは樹種によって微妙に差があるので、匂いを覚えればそれだけで樹種判定の一助になる。

ヒメユズリハ

大日堂付近には秋から冬にかけてツワブキが群生していて黄色の花を咲かせる見事な様子が見られる。野生のツワブキは珍しく、ここは野生化したものかも知れない。

カマツカが四月に小さな梅花の

カマツカ（4月）

ツワブキ

ような花を咲かせていた。

箇保の宿へ上がる入り口の二百m先に下がっている尾根にはハリエンジュが数本群生していて、五月には花が咲いて白藤のような蝶形花が垂れた花序に沢山着いて白く変わり、異彩を放つ。強くて良い匂いがする。五月の末頃に山梨や長野県で十五mもの高木を白く変えて咲くこの花に出会って見惚れるが、この付近ではここしかない。俗にアカシアと呼ばれていて、別名はニセアカシアである。冬に黄色に咲くお馴染みのアカシアはフサアカシアで、別名ミモザであり紛らわしい。葉が銀色ならギンヨウアカシアである。

ハリエンジュ

ギンヨウアカシア

花沢山の下は巨大なトンネルが沢山通っている。山の高度が上ってくると、右手にこれらが見えてくる。東海道線の電車が頻繁に通り、新幹線の長い列車の往来がある。東名高速道路も一五〇号バイパスも沢山の車をトンネルに吸い込み、吐き出している。この花沢山には日本の古い幹線道だった奈

花沢山トンネル群

良時代の日本坂という峠道があり、昔苦労して越えた山も、現在は巨大トンネルが通って車や電車が日に数万という人を乗せて瞬時に走り抜けている。交通の大動脈が集中した興味深い場所で、今昔の差を思う。

住宅地で多くの赤い実があったが登山道にも赤い実が沢山ある。何本かのマンリョウが道端に生えている。これは鳥が食べた実が落ちて自然に育ったもののようだ。

マンリョウ

センリョウは実が上向きだ。林床には所々ヤブコウジが群落を作って可愛い赤い実を着けている。藪柑子はミカンに似た葉を着けるのでこの名があり、別名を十両という。冬に元気な常緑で赤い実を着ける縁起の良い木性植物に十、百、千、万両がある。千両、万両は家の庭によく植えられている。

ヤブコウジ

センリョウ

アリドオシも小さいが真円で美しい実をまだ残している。ハナミョウガも大きな実をつけている。フユイチゴは大きくて美味しく、山の動物や登山者達の良いご馳走だけに早い時期にほとんど食べら

ハナミョウガの実

フユイチゴ

れてしまうが、林床に広がったツルに真っ赤なイチゴの実を見つけた時は嬉しい。サルトリイバラの丸い実もまだ蔓にかなり付いている。木の実ではアオキが冬になってもう瑪瑙《めのう》のような大きな実が赤くなっている。もうすこし経てば真紅に輝いて、驚くほど美しくなる。山道に赤い実が沢山落ちていて見上げれば大抵そこにマユミがある。更に高い木にはクロガネモチが赤い実を沢山着けている。お

サルトリイバラ

正月月で縁起のよい赤い実がこの山道でこんなにもあった。

　秋の稔りのこれらの実は鳥や動物にとっては最高の贈り物で、冬に入ったばかりの一月の山はまだご馳走の山といったところであろう。気をつけて見れば南天やクロガネモチは現在まだ手付かずで沢山の実を着けている。これらを口に入れると苦い。鳥も味を知っていて、美味しいものから始めてこれらは食べ残しているようだ。しかし二月になればこれらも順次酸味、渋味、苦味や青酸などの毒が取れて味が良くなるので、全て食べつくされる。そして動物にとっては食糧の乏しい過酷な時期になる。三月も終わり頃になって、木の芽も脹らみ虫も動き出すのでようやく食糧事情は息をつくようになってくるのだ。

　登山道は舗装された農道に何度か出会う。二度目に出会う所は高崎から登ってくる道との合流点で

マユミ

もある。

　登るにつれて見晴らしが良くなって視界が開けてくる。駿河湾が広がって、伊豆半島も御前崎も、更に牧之原台地も一望の下《もと》になる。湾に続く太平洋も一つになって水平線と地平線が一本に繋がる。以前愛知県から来たという人が「この山では、地球が丸く見える」と言っていた。広い海を海岸から見ると水平線が曲がって丸く見えるが、それが山から見れば更によく

クロガネモチ

分かる。この山は海際《うみぎわ》に立つ見晴らしの良い山なのである。

オオバヤシャブシ

五度目に出会う車道が最後で、そこから十五分で山頂に行ける。坂本からの登山道と出会う所には見事な古木のオオバヤシャブシと、まるで整枝されたように半円型のイヌツゲがある。ツゲがこんなになることが信じられないくらい大きくて見事なものである。
　道は最後の急な登りになる百五段の階段があって、ここで皆息が上がる。まもなく道脇に二本の大きな杉が門のように立っている所で東から登ってくる道と合流する。

この道は鞍掛峠を経て満観峰へ行くか、花沢集落へ降りる。山頂まではあと五分である。

　山頂には何本かの杉に囲まれて高草山大権現の祠《ほこら》があり、なにやら神さびて厳かである。里に近く存在感のあるこの山は山の神のおわす所であり、里を守り、田に豊穣をもたらす社《やしろ》があって神域であり聖域なのである。私はお賽銭をあげ、今年の山の無事を祈った。

　山頂域は小笹の原が開けていて

イヌツゲ

明るい。大木の桜が散在し、そここにベンチがあり、登山者が数人いる。恐らく皆さん山好きで、新年の足慣らしとして山に登って来たのであろう。祠のところからは静岡市が見え、その向こうに真っ白な富士山が裾まで見えて美しい。この山は双耳峰でここから北へ二百ｍの所にもピークがあり、ここに二等三角点があり、こちらが最高点のようだ。祠のあるピークに山頂らしい雰囲気があるが、この山には「山頂」の標識がない。この山は登頂記念の証拠写真が撮れない山である。しかし両ピークとも同じぐらいの高さなので南のピークに山頂標識を立てても問題なさそうである。

山頂からの富士山

南のピークでは良く見られないが、北のピークからは北と東側が開けて南アルプスが真っ白に輝いている。深南部の山は一部であるが、南アルプス南嶺の山も安倍川流域の山も見事に見渡せる。冬のこの時期ここに立つのは楽しい。私はここに来合わせた何人かに山の名前を教えた。今日は上天気で見晴らしが良いのでこれらの山が手に取るように指呼できて、遠山の景色を心ゆくまで堪能できた。

南アルプス

石脇集落で有名なのは木喰仏《もくじき》である。近い位置に三つの寺やお堂があり、いずれも木喰仏がある。これはぜひ見て欲しい。

木喰行道上人（一七一八～一八一〇）は五十六歳のとき日本廻国と千体仏などの請願をして、日本全国を遊業し千体の仏像を作って寺社に寄進して、九十歳で請願を成就した。

木喰上人は寛政十二年（一八〇〇）に二カ月間岡部町に滞在し、この辺りに現存する十体の木像を彫った。石脇にはこのうち三つの寺に四体がある。

石脇大日堂は山の南に張り出した高台にあり吉祥天立像、不動明王像が見られる。私が行ったときちょうど見回りの人に出会った。このお堂を江戸の昔から先祖代々守り継いできて二百年になると言っていた。鍵を開けて拝観させて頂いたが、二体とも手入れされていてその長いお勤めの継続に頭が下がった。中年の柔和《にゅうわ》な印象の方だった。

吉祥天と不動明王像

このお堂の少し離れた西側に「石脇城跡」がある。赤い鳥居があり城山稲荷がある。伊勢新九郎（北条早雲）が一四六八年（～八六年）に最初に持った城である。新九郎はその後沼津市根古屋に城を移し、やがて相州の主になり広く関東平野を治め、甲州の武田、駿河の今川と鼎立《ていりつ》する勢力を得て、風雲児の名を冠されて戦国時代を生きた。相州北条は今川、武田が滅んだ後秀吉に攻められて「一夜城」「小田原評定」などの有名な故事を残して滅び、秀吉の天下統一が成った。

宝積《ほうしゃく》寺は東名道の南で、入り口に見事な三十三体の観音菩薩石像が並んでいて木喰仏の地蔵菩薩立像があり、住職がいてしっかり管理されている。もっとも文化財の指定があり、取り出して掃除をすることなどは出来ないらしい。

地蔵菩薩

北側の勢岩寺には小さな弘法大師座像がある。この寺の本尊の不動明王像を弘法大師の甥の円珍が持って訪れたとき、機織《はたおり》地蔵が金色の光を放って迎えたという。機織地蔵はどんな願い事も機を織る糸のように繰り返して拝めばかなえるという。入り口に地蔵像とご詠歌がある。

機織の石の石脇たつね来て
いとくりかえし頼む御菩薩

山側に建つ常楽寺には薬師如来座像があったが平成三年に火事に

遭い今は黒い塊になってしまった。それゆえ以前の四寺、五体の石脇の木喰仏は現在三寺、四体になった。それぞれのお堂に趣があって写真などもあり、頼めば見せて頂くこともできる。

木喰仏は微笑仏といわれ、ガンダーラ仏のアルカイックスマイルのようにわずかにほほえむ親しみのある木彫仏である。また「木喰」というのは真言密教の厳しい修行の一つで、火を使って煮炊きする食物を食べず、塩も穀類も取らないという戒律があり、何年も草や木の実で飢えをしのぐという。密教系の仏教は山岳修行の荒行に特徴がある山岳仏教であり、この木喰さんやナタだけで荒削りの特異な彫仏をして、生涯に一万体の「円空仏」と言われる木造を彫った円空さんはいずれも木喰修行で長く全国を巡って彫仏の旅をしている。

山梨県の本栖湖近くで生まれた修行僧の木喰さんが今から二百年前に彫って、今もこの地に大事に祀られている「木喰仏」をぜひ見て頂きたい。

## 二月は北のピーク

**二月の山には小さなイヌノフグリやハコベが咲き、オオバヤシャブシが黄色い花をつける。厳寒の最中《さなか》でも暖かな日には越冬蝶が飛ぶ。よく晴れた日の奥山の眺望は素晴らしい。**

二月も中旬になって日も伸び、日差しにも明るさが加わってきたがまだ厳しい冬は続いている。よく晴れた日に高草山へ出掛けた。

今日は三輪地区から北のピークを目指す。三輪は高草山の西北の麓に位置し、最近は団地もできて賑やかな戸数は千を超す大きな地区である。元は百戸ぐらいだったと聞いた。焼津駅からは四㎞あって朝比奈線のバス停三輪で下車する。信号機が公民館の所にあって大きな案内板があり、駐車もできる。

車道を東に辿って行くと住宅の梅は満開で馥郁《ふくいく》とした匂いを送ってくる。桜も今年は季節が早く進んでいるので何本かは咲いている木があり、緋寒桜や河津桜など早咲きの桜が一般家庭にも普及していることがわかる。厳冬の最中のこととて風は冷たいが、春の気配は十分にある。フサアカシアも木全体を黄色に染めている。冬は色が乏しいだけに黄色は非常に明るくて良く目立つ。そういえば冬に咲く花は黄色が多いと思う。福寿草、水仙、蝋梅、アカシア、マンサク、ハンノキ、ミツマタなど冬枯れの野に目立つ。これから咲く桜など早春の花はピンクのものが多い。白、黄、桃色など明るい淡色は無彩色な落葉期に合う色なのであろう。

車道は沢に沿って上って行き山に入る。対岸の大きな藪椿も沢山の花が満開で見事である。橋を渡るところに大滝地蔵があり、大きなコース図があって有難い。

右手に砂防ダムがある所が登山口になっている。いきなりの急登で堰堤《えんてい》を過ぎれば水平道になる。ここは茶畑でみかんもある少し開けた場所で、四方が山であるがほとんど落葉樹なので日が照って明るいし風も来ない。そこかしこでいろいろの小鳥の声がしている。歩いてゆくとウグイスが飛び出し

ムラサキシジミ

てくる。シジュウカラがツピン、ツピンと鳴いている。遠くから甲高いヒヨドリの声も聞こえてくる。上空にはノスリが弧を描いて飛んでいる。山にはこんな楽園のような長閑《のどか》な場所がある。

　この時足元のスイバに蝶が飛んできて止まった。美しいムラサキシジミだ。この蝶は成虫越冬するが真冬に私が見たのはこれが初めてで興奮した。今日は暖かいので出てきたのだろう。蝶は体温調節

冬のスイバ

ができない変温動物なので気温に従う。体が凍れば死ぬので越冬中はグリコーゲンをデキストリンに変えて耐えられるようにするそうである。しばらく羽根を広げて日光浴をしてから羽根を合わせてスイバの中へ潜って消えた。
　この時期のスイバの葉は赤茶色になっている。この蝶の羽裏も茶色なので羽根を合わせただけでもう存在が分からない。見事な保護色である。そういえばキチョウのような例外もあるが、成虫越冬する蝶は羽根裏が茶色である。成虫越冬する蝶はタテハチョウ類に多いが、確かにまだらの茶色になっている。そして積もった落葉の間や木のうろなどで冬を過ごす。静岡県のような暖かな所では越冬もし易いだろう。まして最近は暖冬傾向なので蝶の生存率は良好であろうと推測する。いいものを見ることができた。
　沢に架かった丸木橋を渡ると石の多い山道になる。ここにはシダ

ハコネシダ

イノデ

類が多い。一月に登った石脇コースは南面の尾根筋で乾燥していたが、ここは沢筋なので違った種類のシダがある。ハコネシダは小さな扇形の葉が美しく崖に下がっている。元気に輪生するイノデは葉柄が茶色の毛に覆われているのですぐ分かる。イワガネゼンマイは葉が葉状でシダらしくないが一mにもなる大型のシダである。葉芯に黄色な斑紋があって、若い時にはこれが目立つ。毛が多いミゾシダもある。

イワガネゼンマイ（幼）

イワガネゼンマイ

ミゾシダ

やがて「時石」があり由来が出ていた。山間《やまあい》の細い隙間からここに日が差すと正午になるという。また山で働く母親と里で子守をしているお婆ちゃんがお乳をもらうために正午にここで落ち合ったと言い伝えがあるという。山道はここで分岐し、そのまま行くと「潮見平」で、左は「池の平」に行く。今日は左に沢を渡り杉林を登る。車道に出会う所に満開の菜の花が咲き揃っていて春の気分になる。高草山は山腹を南西に向けていて冬は北西の寒風が当たるのでさぞ寒かろうと思われるかも知れないが、山には襞があり木があるので風は複雑に吹く。この場所は南を向いて日が当たり、周囲を繋ったミカンの木に囲まれているので風は来ないし暖かい。ここには春が早く来ても当然だ。

一般的にいえば山は木や農作物があるので風はその上を通り過ぎていって登山道に風が来ることは少ない。冬の山は想像以上に暖かいと思っていい。陽だまりハイキングという言葉があるように冬の低山は人気があり、賑わう。

山には風道《かざみち》があって、山襞《やまひだ》が風

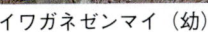

を集めていつも強く吹いている場所がある。こうした場所は無風のような時でも風が吹いていて寒い。夏ならこういう所で休むといいし、冬には足早に通過する。山の中はその地形と植物が複雑な環境を作り出す。これを「山の微気象」といって一つの山の中に異なった気候をもたらす。四月に来る春を二月に現出したり、条件が悪く五月に遅い春を迎えたりして、山を歩いていて驚いたり喜んだりする。

左奥が三輪

上の車道はここで逆Z形にヘアスピンし、登山道は直上して茶とみかんの畑の間へ入る。ここには三〜五㎜の白い小さな花が咲いている。よく見れば三種類の花がある。ナズナとハコベとタネツケバナである。春もまだ遠いこの時期のことでいずれも遠慮がちに小さく咲いているがこの三種は道端で最も多く見られる。ナズナは実が三味線のバチに似て三角なのでペンペン草ともいい、振るとサラサラと音がする。春の七草で食べられる。タネツケバナは十字花で、咲けば稲の種を蒔く「種漬」の時期だというが、実際はかなり早く咲く。

ナズナ

ハコベといえば島崎藤村の「千曲川旅情の歌」を思い出す。

小諸なる古城のほとり
雲白く遊子悲しむ
緑なすハコベは萌えず

タネツケバナ

若草も敷くによしなし
しろがねの衾の岡辺
日に溶けて淡雪流る
暖かき光はあれど
野に満つる香りも知らず
浅くのみ春は霞みて
千曲川いざよう波の
岸近き宿にのぼりぬ
濁り酒にごれる飲みて
草枕しばし慰む

いい歌は心に響く。ハコベは花弁が五枚だが深裂して十枚あるように見える。ハコベにはほほえましい性質があって、花茎は立っているが受粉すると垂れて次の花に場所を譲るという。ウシハコベもここには多く、大振りで雌しべの花柱は前者が三本に対して五本ある。

ハコベ

ミミナグサ

キュウリグサ

　早春のこの時期に咲く五㎜足らずの小さな白い花はこの他にも例えばミミナグサ、ノミノフスマなども道端によく見られるが、いずれの草も小さくまだかわいい。しかし旺盛な生命力を持つ越年草で、春の終わり頃には大きく伸びて道を覆いつくす雑草なのである。キュウリグサも道端に咲いている。淡く青い花は見逃すほど小さいが、

タチイヌノフグリ

この時期の青い花は珍しく、葉を揉むとキュウリの匂いが強くするので名を間違えることはない。これは花序を作り先端が巻くが、似たもので道端にもあるハナイバナは花毎に葉を着ける。青花ではタチイヌノフグリも見つかる。花茎がないので花は葉の間にある。

ここまで来ると見晴らしが良くなって右の谷の向かいの尾根が長く伸びているのが見える。先ほど分かれた道はそこを登っていて山の大きさが実感できる所である。登山道はまた車道に出会うがすぐに茶畑に入っていく。水平になった道は見晴らしが利いて志太平野が眼下に広がる。ちょうど「潮山」が正面になり、南に伸びた尾根が平野に突き出しているのが分かる。

茶畑から杉林に入っていくと「一本杉」という巨木にしめ縄が張ってあり、辺りを払う神聖な雰囲気で立っている。案内板にはこの木の枯れ枝でも落ち葉でも、持ち帰った者は一家に病や死の災いをもたらすとある。木を守るための謂《いい》であろうがいささか過激である。お陰で周辺は木の葉が厚く積もって、栄養的にも良い環境がもたらされているようだ。家の庭や神社や公園では落葉や雑草が掃き集められて持ち去られていることと比べて木のためにはこちらが優しい。

一本杉

道はまた車道に出会い、右に行って大きなヤマモモの木の下を茶畑に入る。ヤマモモにはもう赤い花が咲いている。冬のこんなに早く咲くのを発見して驚いた。六月には赤紫色の実の美味しいご馳走を提供して、山の動物たちにも人にも最高の贈り物になる。

ヤマモモ

エゴノキ

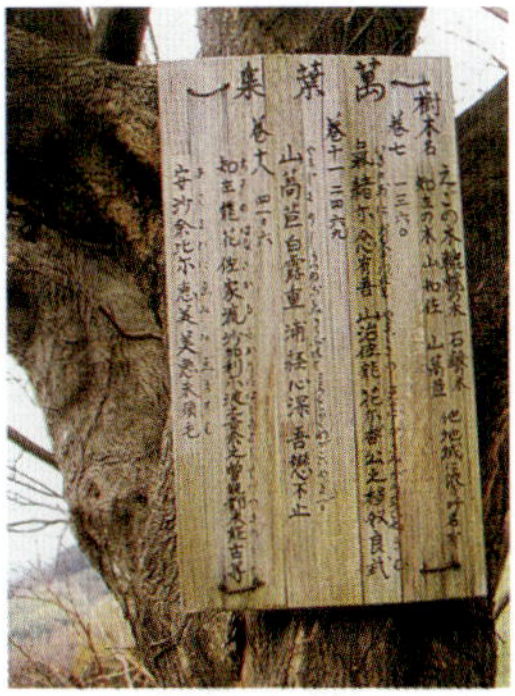

万葉の歌

次の車道に出会った所に一本の立派なエゴノキが立っている。この木に誰か粋な人がいて万葉集の歌を掲げた。万葉の時代には知佐の木といわれていたようで、江戸時代には泡が立つので石鹸として使って石鹸の木ともいわれていた。三つの歌は、

いきのおに思える我を山知佐の花に香君が移りいるらむ（巻七）

山知佐の白露重みうらぶれて心も深く吾恋やまず（巻十一）

知佐の花さかる盛りにはしきよしそのつまのこと朝宵にえみみ笑ますも（巻十八）

木に寄せて、山でこんな歌に出会えば嬉しくなる。エゴノキは五月末に花を咲かせる。みかんの花に似た五弁の凛とした純白の美しい花だ。葉は繁っているがそれを隠してしまうほどに沢山の花を付け満開時には桜と見紛うほどである。普段は目立たない木であるが花が咲けば見事で、この木は特に素晴らしい。同じ時期に花沢コースの登り始めた場所にベニバナエゴノキが咲く。栽培種であろうが、

ベニバナエゴノキ

ヒメオドリコソウ

この木も見事で見応えがある。

このエゴノキの木の下にヒメオドリコソウの群落があって、茶色の葉を踊り子が笠を被ったように広げて同じ姿で並んでいる姿はほほえましい。もうすぐピンクの花を着ける。ここから「池の平」までの道筋には沢山見られる。ここの道端にはホトケノザの群落もあってピンクのじゅうたんを敷いたように花盛りである。花茎を二枚の葉が台型に付き、仏像の台座を

オドリコソウ

ホトケノザ

連想させる。花はシソ科特有の唇状花で両種はよく似ている。

同じ仲間で坂本の「西の谷公園」の前にオドリコソウの大きな群落があって四月に華やかに咲く。

カキドオシ（4月）

上唇の部分が大きく、笠を被った踊り子の姿に見えるピンクの花は特に大きく美しい。この辺りではそこしかないので珍しく貴重である。ここに同じ頃カキドオシが咲く。つる性の多年草で、二五㎝ぐらいに直立して花を着けるが花後は地表を這って伸びる。垣根を通り抜けるほど生育旺盛という名である。この四種は近縁で、春らしい可憐で美しいシソ科の花達である。

オオイヌノフグリ

道端にオオイヌノフグリが沢山咲いている。名前は悪いが五㎜ほどの小さな花は青く、星が輝くように美しいので「星の瞳」という別名もあり、このほうがふさわしい。オオイヌノフグリとホトケノザは平地でも道端のどこにもあって目立ち、春の早い時期に咲く春告げ花として皆に好かれる花だ。

春告げ花といえば山で一番先に

Feb

木に咲く花はハンノキ（榛の木）の仲間である。車道に出たところにオオバヤシャブシの木が沢山あってバナナのように太く曲がった黄色い雄花をもういっぱい垂らしている。ハンノキの仲間は面白い。花後にドングリに似た大きさと形で松かさのような実を付ける。この実はいつまでも木に着いていて落ちない。春になって新しい実がつき葉が繁っても着いているので、まもなく新しい青い実と前年の黒褐色の実が一緒に枝に着いている所が見られる。

　ハンノキの仲間の簡単な見分け方は実が一個ついていればオオバヤシャブシで、ヤシャブシは二個ついていることが多い。三〜五個ならケヤマハンノキかヒメヤシャブ。ハンノキは一〜二個着ける。実が下向きに垂れ下がっていればヒメヤシャブシである。しかしフィールドで名を判定しようとすると更に細かく観察する必要がある。

　オオバヤシャブシは太い雄花がバナナのように曲がり枝先に垂れて咲き、雌花が雄花序の上に一個着き、粘らない。高草山には車道沿いにオオバヤシャブシが多く、節くれだって変形した大きな古木をあちこちで見る。粘らないものもあるのでこれはヤシャブシである。ハンノキの仲間は雌花の数や着く位置、また雄花が長い、細い、赤い、垂れる、粘るなどで別の種になる。葉や実の形も目安になる。この山には五種類が記録されている。

　この下方にコモチシダがあった。人丈もの巨大な姿で、崖などから垂れ下がり、無数に無性芽を着ける珍しいシダだ。以前はこの山で

オオバヤシャブシの花と実

オオバヤシャブシ

コモチシダ

見掛けたと聞いていたのでこの発見は嬉しい。山には思いがけないものが隠されているものだ。オオバノハチジョウシダも二mもの大きさになる暖地性のシダだ。

オオバノハチジョウシダ

車道を行くと「池の平」に到着する。ここはもう稜線でこんな山の上が開けて茶園になっている。お皿のような地形でその最底部に枯れない井戸があって水を溢れさせているのでここを池の平という。水を集める良い岩盤があるのだろう。車道はこの真ん中を通って稜線に当たって右に折れ、山頂近くを水平に走る長い農道になっていて、山上のドライブ道としても利用されている。

広場には立派なベンチが幾つもあってよい休憩場所ができている。ここにツグミがきた。中型の茶色の鳥で、素早く両足で数歩ホッピングして姿勢良く立ち止まる特徴がある。十月頃にシベリアから大挙して群れで飛来し、日本全土の林に分散する冬の渡り鳥である。一月は山に留まるが、山の餌が少なくなる二月頃になると里に降りてきて平地の田畑で目立つように

ツグミ

ヒヨドリ

なる。

二月の里で二五cmくらいの中型の鳥はこのツグミとヒヨドリとムクドリの三種類が多い。

ヒヨドリはヒーヨ、ヒーなどと鳴くので付いた名で、灰色の漂鳥である。頬は紅をつけたように赤く、地面にはほとんど降りない。以前、羽根を怪我して飛べなくなったヒヨを蜜柑とパンで二カ月ほど飼って、元気になって大声で鳴くようになったので放したことがあったが、近づけば暴れるし、掴

めば噛みついて最後まで人に慣れなかった。ヒヨに野生の逞しさを知らされた。この鳥は山でも里でも数が多く鳴き声も大きくどこでも出会う鳥である。

ムクドリは留鳥で、灰黒色で顔は白っぽく、尾の付け根と先端が白く、嘴と足は橙色。足を交互に出してノコノコ歩き、鳴き声は騒々しい。最近はやたらに繁殖して夕暮れ時や夜に電線や木に沢山集まって鳴くなど、市街地で増えて公害になるほどになった。山ではあまり見かけない平地の鳥である。

ムクドリ

この時期山を歩いていると草むらや茶畑や藪からふいに鳥が飛び出してビックリすることが多い。茶色の小鳥であるが、同じ種類ではないようである。地表に近い藪などにいる鳥は地味で目立たないものが多く、雌鳥が多い。鳥は雄雌で色が違っているものが多く、雄鳥は派手で目立って見分け易いものが多い。雌は子育てで藪などにいることが多く、茶色の目立たない色をしているものがほとんどなので区別がつけにくい。名前を覚えて欲しくないようだ。

冬の地表や藪など低い場所にいる小鳥はウグイス、マヒワ、アオジ、ホオジロ、ビンズイ、ヒバリ、オオジュリンなどがあるが、逃げられて遠くから見るだけで、私にはまだ名前を特定できない。しかし冬の山は鳥が多く、木も葉を落として良く観察できるので冬の山の楽しみなのである。

ここからは北に向いて稜線歩きになる。初めは杉の林の中を行く。林床にはアオキが多い。この山には特に多く、日当たりが悪い東面の林床はアオキで覆いつくされているほどである。この木は光がほとんど来ない場所でも茂ることができるので家の北側に植えても育つ貴重な植物である。日陰に強く、

アオキ

カンスゲ

見栄えのする常緑の葉があり、冬に大きな美しく輝く赤い実のなるこの木はヨーロッパでは非常に人気があるそうである。他にはジャノヒゲやカンスゲなどが見られる。小ピークを下ると明るい場所があって桜の大木が十本ほどある。二度目のピークを越した所にもあった。次のピークを登ると鉄塔がある。

　ここからしばらく水平になり、大きなタブノキに出会う。

　林の中を歩いていると冷たい風が体に当たる。まだ冬の真っ只中なのである。登山中は汗ばむほどなのだが、日陰の稜線を歩いていて負荷が軽くなると体が冷えてくる。この時期にぴったりな歌が「早春賦」である。大正唱歌で、皆が大好きな歌だ。

　春は名のみの風の寒さや
　谷の鶯、歌は思えど
　時にあらずと
　思うあやにく（あいにく）
　今日も昨日も雪の空
　今日も昨日も雪の空

　「春と聞かねば知らでありしを…」という二番以下の歌詞も良い。

　茶畑になってまたピークを登る。ここからは良い眺望で、志太平野が一望の下にある。朝比奈川が目の下で、国道一号のバイパスが正面になるので随分北にきたことが分かる。茶畑の脇にフキノトウが顔を出している。春の野山が提供してくれる素敵な贈り物で、山菜としての人気は高い。見付ければ嬉しく、春の訪れを知らせてくれる植物である。フキは谷筋の湿った場所に多いが、こんな稜線の乾いた場所に生育していることに感心する。

　次の杉林は少し荒れて通りにくいが明るい林で、ニシキギやヤマブキがあって季節になれば道を彩る。続いて茶園になり、目前の小高いピークにつながっている。ここが三百九十六ｍの北の山頂である。

フキノトウ

稜線を行く

振り返れば南に遠く高草山山頂が見える。そしてここから北の方向は素晴らしい景観が展開している。南アルプスの真っ白な山脈と深南部の山々と安倍奥の山とそれらの前衛になる多くの山がパノラマのように連なっている。

左の端に蕎麦粒山があって、バラ谷の頭、黒法師、上の尾根山、前黒法師、池口岳と南アルプス深南部の山が続いている。そして光岳は南アルプス南端の山で真っ白に光っている。朝日岳があって手前の最も大きい山は大無間で、アルプスの茶臼と上河内岳はその後ろに隠れている。それから白く輝いているのが聖、赤石、悪沢岳と三千m級の南アルプス南部の雄峰である。次の台形は大井川東側の青薙山で稲又山も見える。続く山塊は青枯山など深い笹に覆われた六つの山の連山だ。連山の中央の上には布引山と笊《ざる》ケ岳が顔を覗かせている。そして次の丸く目立つ高みが山伏で、ここからは安倍奥の山が始まる。雪で白く光っているのは大谷嶺、続いて八紘嶺、大光山、十枚、青笹、真富士、竜爪岳となって安倍東山稜が終わる。更にその右は清水の高山で、浜石岳があり、その上には大きな富士山が美しく裾野を広げていて、愛鷹山系の越前岳などが展開している。

近くには島田の千葉山が見え、藤枝の高根山、ビク石があり、七つ峰はピラミダルな山容を見せている。静岡の奥にあるダイラボウ、大山、突先山など馴染みの山も目の先にある。手前の山は宇津ノ谷の背になる飯間山だ。

ここは県下随一の山の展望台だと思う。私がこの山に登るようになって最初の年の冬、この場所に立って眼前に展開する山々の連なりに驚嘆した。白く光った三千m級の山々は手に取るように近く見えるし、その前衛になる二千五百m級の山達も堂々としていて、近郊の馴染みの山をその前に配している。山に何度か雪が来て、中ぐらいの山も高山の風格が備わってくる二月頃はその光景も一段と冴えてくる。私はその時ここから見える山々に登ってみたいと思った。そして本腰を入れて山を歩いた。それから五年経ってほとんどの山に登った。まだ登っていないのは深南部の北部の山である。素晴ら

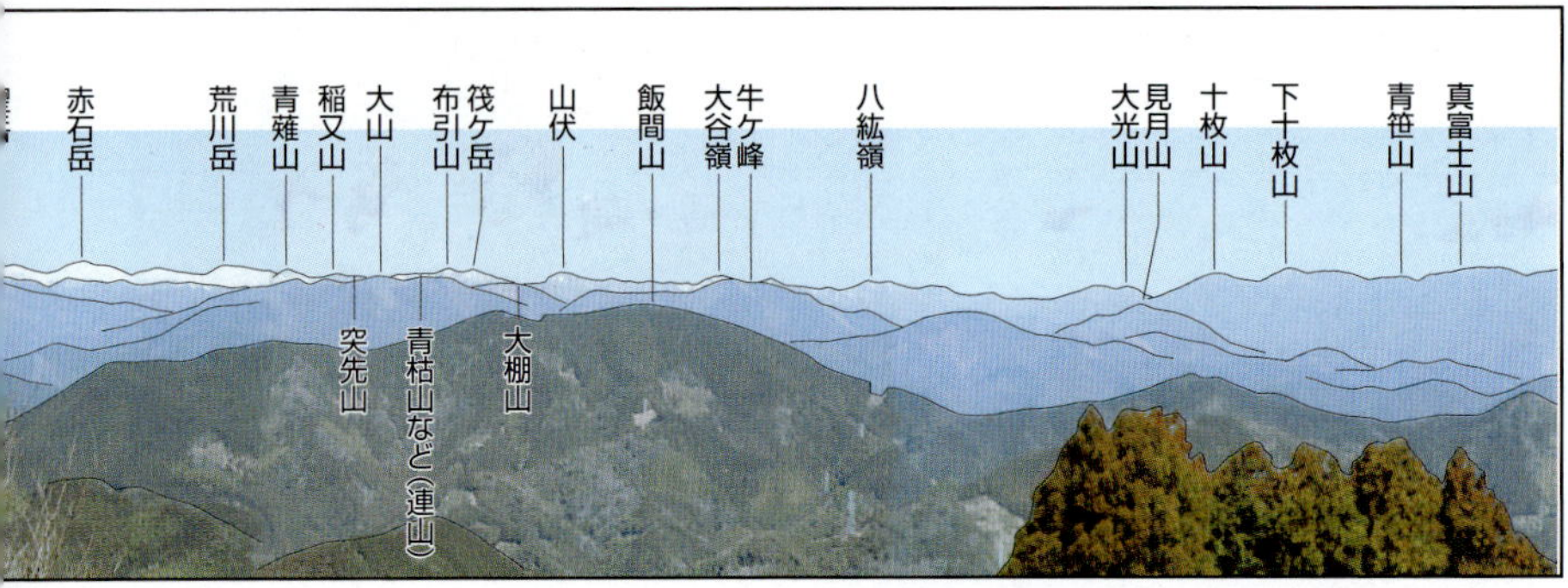


しい山もあったし、厳しい山もあった。こうしてここに立つとそれぞれの山の思い出が懐かしく回想されて時の経つのを忘れる。だから一月、二月の良く晴れて見通しの良い休日には自然とここに登って来たくなる。

　私はここ十数年、毎日の晴雨表を記録している。十二、一、二月の三カ月は厳冬期で、天気はほぼ十日周期で変化する。冬でも晴天の風のない穏やかな日が二日ほどあると、移動性の低気圧が通過して一日の雨になり、その後は晴天になる。移動した低気圧は日本列島を通過した後北海道の北の海上で停滞して台風並みに発達して巨大化し、シベリア高気圧から寒気団が南下して西高東低の冬型の気圧配置になり、日本列島は強い寒

北のピーク

山頂を望む

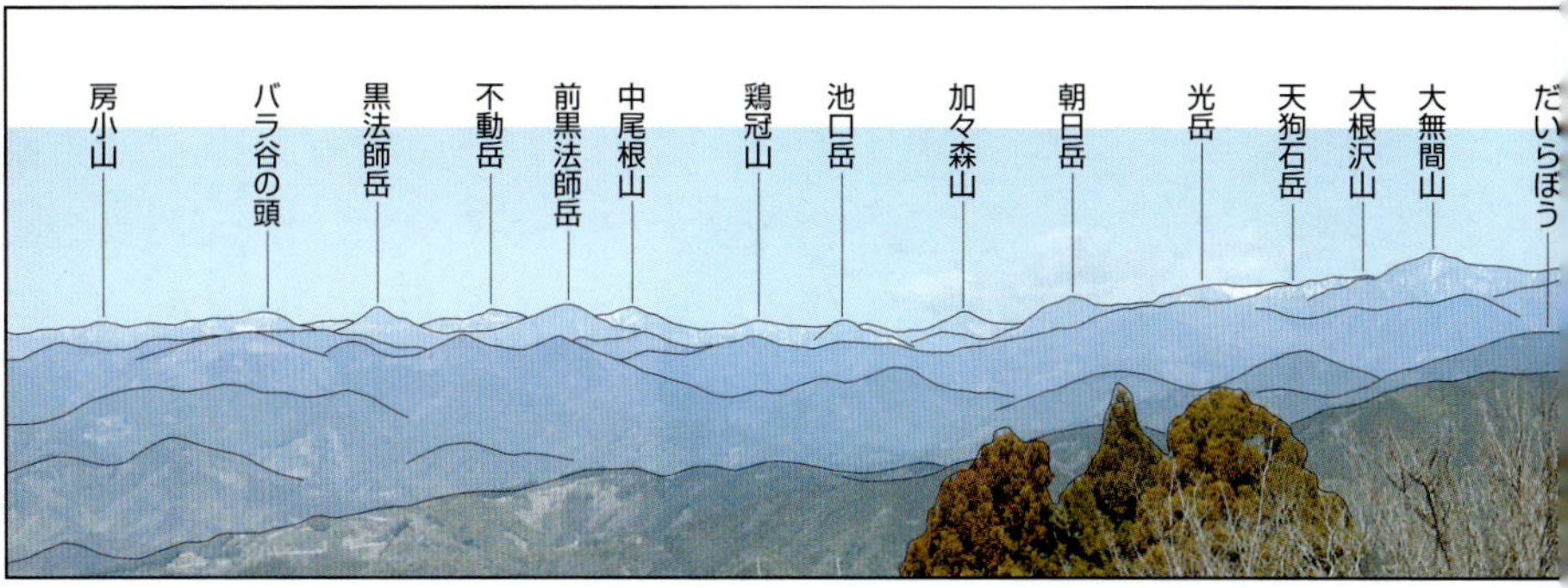

富士山（北のピークより）

波に襲われる。日本海側は雪が連日降り続き、太平洋側は強風でカラカラの乾燥した晴天が長く続く。これが日本の冬の気候であるが、冬は気温が低いので地表の水分の蒸発が少ない。空気は低温で乾燥する。風が強いので空気中のチリは吹き飛ばされる。そのために冬の寒い、晴れた、風の強い日は空気が澄んで遠くまで見通しが利く。

冬にこの北のピークに立てば遠い南アルプスも手に取るように近くに見える。ここは素敵な場所なのでもっと人気が出ても良い。高草山は北西に長い山で、東南の山頂から北西のピークまで二㎞近くあり稜線を歩いて一時間ぐらいかかり、足を伸ばすに良い。

高草山は登山に人気のある山であるが、縦走できればもっと良い。山は往復するより違う道を帰りたい。この山は交通の便は良いほうではない。

現在はこの北のピークから国道一号へ抜ける道はないが、ここから廻沢や本郷やバイパスを越して直接岡部市街などへ抜けられる登山道が出来れば縦走もできるし、回遊もできてこの山の魅力は飛躍的に増大するだろう。以前は本郷から登って来る道があったが今はなくなっている。北のピークの一部に放棄された茶園があるのでここを整備し、ベンチや木陰などを設けて、登山道を付けたい。北のピークを頂点に国道一号のバスを利用する道ができれば、岡部から高草山へ登り、下る魅力的な登山コースができる。北のピークの眼下を走る国一のバスは静岡駅―藤枝駅間を沢山走っていてほとんど待たずに乗れるのでこんなに便利な所はない。岡部町は健康を標榜していることだし、手頃な登山コース作りを町にお願いしたい。

テングチョウ

この日山頂で気温が十五度ぐらいに上昇して暖かかったせいか、三種の蝶を見かけた。いずれもタテハ類で成虫越冬中のものである。テングチョウは鼻が長く黒茶の地に橙色の紋がある地味な蝶であるが、体が小さく体温が上昇し易いためか、冬の暖かな日には見掛けることが多い。キタテハは黄茶色の蝶で二匹が空中でもつれ合っていた。恋の季節ではないので縄張り争いであろうか、真冬でも元気なものだ。それからヒオドシチョウが日向ぼっこをしている。越冬中なのに、破れもなく美しい羽根を広げている。「緋縅」と書き、赤い鎧《よろい》の意で、羽根は赤地に黒の斑点が散り、黒の縁取りがある。若武者を髣髴《ほうふつ》させる華やかな模様の蝶で、平地では見掛けないが山には比較的多い。これら越冬する蝶の羽根裏はいずれもくすんだ茶系の迷彩模様で、見事な保護色になっている。春の蝶はまだで、三月にならないと出て来ない。

キタテハ

ヒオドシチョウ

## 三月の高崎コース

三月になると、初見の蝶が現れ、春を先取りする野イチゴやキブシなどの花が咲く。山は緑を失って茶色に変色する。いろいろの鳥を観察することができ、混群にも遭遇する。

三月中旬に高崎コースを登った。高崎地区は石脇と花沢の中間にある。この間は車道であるが山道で「やきつべの小道」という。平安期以前の日本の幹線道であった古道で、石脇から花沢を通り日本坂を越して小坂に至り静岡に抜ける。現在は昔を偲ぶハイキングコースになっている。

風口坂の道標

今日は石脇からこの道を辿り、高崎から高草山をめざす。石脇集落を抜けた風口坂に古い石の道標があって「右ハおおくずれ、左ハ花沢、日本坂」とかすかに読める。歩いてゆくと車道のコンクリート壁に蔦《つた》が垂れて、壁が隠れるほど繁っている場所がある。フウトウカズラ、キズタ、テイカカズラがある。

高崎不動

更に行くと高崎成沢の滝不動がある。右手上に単羽状のタマシダ

タマシダ

イブキシダ

が群生している。ここにはホシダ、イブキシダも見られる。

　石段脇に観音と地蔵の石仏が沢山並んでいる。お堂にはお不動さんが祀られていてよく手入れされている。沢がその奥からザアザアと豊富に流れて来ていて、山の中腹の崖下から突然溢れ出してくる。成沢とは鳴る沢のことで勢いのよい沢の意だ。沢の両側は岩のゴルジュ（岩の壁が狭まった所）でコンクリートの堰堤を連ねて狭く険しく、ここから上流には行けない。源流に行きたければ高崎上集落から回り込む。奥を覗き込んでいるとフクロウがゆるりと飛び出した。暗い谷間のどこかに安眠していて私に驚かされたのであろう。悪いことをした。

　このコースはみかん畑の中の水平道で梅が咲いているし、桜もつぼみが膨らんでのどかな眺めの道が約一km半続き、三十分弱の道のりである。途中道脇にシナノガキがある。日本土着の豆柿で、小さく渋く食べられない。

シナノガキ

　道端にヤマトシジミがチラチラと飛んでいるのに出会った。私がこの春出会った最初の今年生まれの蝶だ。小さな淡青色のシジミ属の蝶は、似たものが沢山あって飛んでいるところで判断はできないが、最も普通で数も多く春から秋までいる蝶はヤマトシジミである。

　次にモンキチョウが飛んで来た。モンシロチョウに似ているがもう少し元気に飛び、羽根が薄黄色だ。私は春の最初にサナギからかえっ

ヤマトシジミ

モンキチョウ

て蝶になって出てくるのはこの蝶だと思っている。今年も今日がその「初見」の日になった。動物暦のモンシロチョウの静岡での初見の平年日は三月十七日である。

　三月になると、さしも頑強な冬型気候にも変化が現れる。小さな低気圧が中国の方からちぎれて流れてくるようになり、低気圧と高気圧が二、三日単位で交互に入れ替わる。天気の変化の周期が短くなって、雨が多くなる。気温も上がったり下がったりして変化が激しく、いわゆる三寒四温になって、「春に三日の晴天なし」といわれる春先の気候になる。冬の間日本海を通っていた低気圧は、この頃は太平洋側も通過するようになるので、ここに北から寒気が吹き込んで太平洋側に時ならぬ雪を降らせることがある。高草山に二月の終わりか三月初めに雪が降ると春が来るというが確かに季節の区切りの現象なのである。今年はこの山に雪が来ないで春が来てしまうようで、少し物足りなさがある。三月になって天候がぐずついて雨も多かったが、今日は蝶の飛ぶ暖かなよい日和で、のどかな山歩きができる。

山頂の雪

　しばらく行くと十字路に出た。直進すれば十分で吉津に下り、花沢に至る。吉津には大きな駐車場があるので、そこに車を置いてこの十字路に上って来てここから高草山を目指す登り方もある。

　南の小山に車道が上がっていて花沢城址がある。十字路から歩いて三十分で平坦な頂上に立つ。赤い鳥居と赤く塗った祠がある。花沢城は一五七〇年に開城した。右近の橘、左近の桜よろしく大きな桜が二本あって咲き出そうとしていた。その前には梅も対で咲いている。山城のあった場所だけに、今は木で塞がっているが四周の見

高崎城跡

通しの良さそうな弧峰で、足下は騒々しい。山下に東海道線と新幹線、東名道と一五〇号バイパスがここに集中して通っていて、複線や複々線など沢山のトンネルが開口していて迫力がある。耕地であるがここは少し整備すれば花沢とセットで良い公園になると思う。

十字路を左に取るとすぐに分岐になる。右に行けば車道は登山道で山に上がっていく。左すれば高崎上集落に入って行く。道端にツクシ、フキノトウが芽を出している。ネコヤナギも銀色の花穂を膨らませている。この辺り、みかん畑であるが菜の花が咲き桃の花も満開で、早い春が来ている。

ネコヤナギ

高崎上地区と高草山

集落は二十戸ほどで山腹の傾斜地にあり、道は狭く、各戸が密集して隣近所が仲良く暮らしている様子がうかがえる。標高百mの南に向いた場所で西も開けているので、日は早くから昇り遅くまで当たるし、高い所なので気分の良いこと間違いなく、住んでみたい所だ。集落を抜ける辺りに先ほどの成沢の沢の湧き出す源頭に行ける道がある。

住宅が切れると先ほど分かれた車道に出会う。足下に吉津が望め高度感がある。これから道は急坂で、いろは坂風である。シキミがそこかしこに薄黄色の花を咲かせている。毒のある木で「悪しき実」

シキミ

のあの字が省略された名という。早春に咲く木で匂いは良い。通称ハナノキといって仏壇に一年中欠かせない香花なので人家に近いこの辺りの山の畑に各戸が植栽しているのだろう。

両側はほとんど茶畑でよく管理されている。ハコネウツギ、オオバヤシャブシ、サルトリイバラが芽吹き始めている。新芽の緑は柔らかく新鮮で、生まれたての輝く美しさがある。

クサイチゴ

クサイチゴがお花畑のように一面に広がって純白の大きな花を咲かせている。南面しているこのコースには早くも春が来ている様子だ。

畑脇にアセビを見つけた。三〜四月に白い小さなつぼ形の花を着ける。馬酔木と書いてアセビと読ませる有毒植物であるがかわいい花だ。

道が平坦になって左に行き、大きな茶園が尽きる所で石脇から登ってくる登山コースと合流する。ここから頂上を目指すのであるが、今日はここから車道を右に沿って進むことにする。

アセビ

この道は標高二百mぐらいの山腹の水平道で鞍掛峠に通じている。合流点にヤエムグラが茂みを作り、カラスノエンドウも元気に茎を伸ばして開花が近いことを見せていた。いずれも雑草で、今は上に立っているがツル性なのでこれから横に広がって絡みつき盛大に繁茂

ヤエムグラ

する。似たものにスズメノエンドウがあるがこちらは小型で、白系である。

道を進むとヒメウズが咲いている。小さな野草で、早春に茎を十五cmぐらいに伸ばして白い花を茎先に一個着け、か細く美しいが気をつけていないと見逃してしまう。

カラスノエンドウ

ヒメウズ

道の両側はハンノキの仲間が非常に多く、山道が薄黄色に染まっている。ほとんどがオオバヤシャブシである。ハンノキの仲間はパイオニア植物（先駆植物）なので山崩れや道普請などで地肌が出た所に最初に進出する。根瘤菌を持つので栄養のない所でも生育できる。この道の両側にヤシャブシが多いのはこの道が山を削って作られてまだ間もないことを示している。

キブシ

キブシも非常に多い。キブシは大きくはならないので間近に見ることができる。沢山の花房を垂らして、まだ彩りの少ないこの季節に咲くので印象的である。花は元から膨らんで黄色に咲くが、先端のつぼみはまだ小さな茶色で、花房は垂れて逆さのトンガリボウシ形になる。

ミツマタ

道上にミツマタが品のいい黄色の花を着けている。藤枝の少し奥の山に入れば珍しい木ではないが、高草山では珍しい。これも早春の植物として山で出会えば感激する。和紙の原料で、製紙が盛んな地方

ダンコウバイ

では山から移して大事に育てたので現在でもその名残で多く残っているが、この地では少なく、日本紙の製造は行われなかったようだ。

　これら早春の木の花はほとんど黄色の花を着ける。そして早春の高草山に咲く黄色い貴重な木の花がこの他にまだある。

　高草山の中央北尾根に二本だけダンコウバイを見つけた。この山では貴重な木である。落葉した雑木の藪に咲く濃い黄色な花はよく

サンシュユ

目立って、早春の華やかさがあり、三月になれば見に出掛ける楽しみがある。サンシュユは関方の長福寺脇に一本植わっている。アブラチャン、サンシュユ、ダンコウバイの三種はいずれも早春に黄色の似た花を咲かせるので紛らわしいが、早春を象徴する花達である。サンシュユの近くにはマンサクがある。春に「まず咲く」ので名付けられた黄色な花木である。ここのマンサクは道端にあって花が大

マンサク

きく、中国原産の栽培種のようである。

　まだ春先の山道をのんびり歩いていて、ふと夏目漱石の「草枕」の冒頭の一節を思い出した。

　山道を登りながらこう考えた。知に働けば角が立つ。情に棹差せば流される。意地を通せば窮屈だ。兎角この世は住みにくい。

　これはよく人を言い当てた有名な言葉で、身につまされる。知識をひけらかすと嫌われるし、情で

目が曇り、意地を張れば世間を狭くする。還暦を過ぎてさすがに人と競い、争い、自己主張する局面は少なくなったが、自分の生き方、性格、価値観、人との付き合い方、ひいては人生の目的などについて考え、悩んできた。山に入ると下界の雑事を忘れ、心も純化されるのか、意外と冷静に物事を外側から見て自分を反省するためのいい時間を得られる。人の来ない山道を一人で歩く登山の効用であろうか。このトラバース道は高くを通っていて見晴らしが良く、道沿いは落葉広葉樹林で明るく、のんびり歩くには発見もあって楽しい道である。

ここは高草山の東南の斜面で、麓は吉津と花沢である。この斜面は急峻で農地はなく、植林も難しいようで雑木が茂るに任せている。それだけに植生は豊かである。

三月の山は茶色である。この山も向かいの山も植林はほとんど杉なので杉は今、葉緑素が壊れ、青葉の勢いを失って茶色に変色している。更に三月は杉の花盛りで実をいっぱいに着け、それだけでも杉は茶色になっている。常緑樹の緑の葉も落葉前で生気がない。シイノキは広範にある樹種だが、そのシイの葉も今は色が褪せて茶色っぽい。広葉樹は葉を落として存在が薄い。草も茶枯れ、竹の葉も黄化しているし、ハンノキも黄色の花盛りなので、三月は山全体が茶色に変色する。

3月の山は茶色（花沢山）

この時期に花粉症の人は山へ入るのは嫌だろう。杉の花粉は風が吹けば煙のように立ち昇り、怖くなる。風媒花とはどこにあるか分からない相手に対して花粉を風に乗せて吹き散らす効率の悪い生殖方法で、やたら沢山の花粉を飛ばす。おまけに北海道以外の日本国中に杉を植えたので三月は日本の空が花粉に覆われる。花粉症の人は人口の一五％といい、若い人に多いと聞く。困った事態が起こったものだ。

この道を歩いていて小鳥の混群に出会った。「混群」とは冬に異なった種類の小鳥が群れを作って行動する現象である。体長十二〜

十五㎝の小鳥たちでカラ類を主体にする。この時期、山に入ると遠くから幼稚園の遠足の一団が近づいてくるような賑やかな声がする。一羽ずつが餌をあさりながら枝から枝、枝から幹へと移りながら全体としては群れで近づいてくる。ピピー、ピヨッ、ジュクジュクなどと良く聞かないと分からないが、いろいろの鳥の声が混じっている。この時期山に餌が少なくなって小鳥たちは一日中餌探しを強いられる。山の木は葉を落としているので外敵にねらわれる危険は大きい。そこで小鳥たちは集団を作って危険を防ぐ。集団なら誰かがいち早く気づくし、先に気づいた者が警戒音を出すので一羽でいるよりははるかに早く確実に危険を察知できる。仮に襲われても一羽の犠牲で皆が助かる。

シジュウカラ

群れを仔細に観察した記録が雑誌「山と渓谷02／3号」に掲載されている。それによるとシジュウカラ、コガラ、ヒガラ、ゴジュウカラなどの「カラ類」とエナガなどで構成され、コゲラやヒタキの仲間が加わることもある。しかし生息数が多いこともあって通常はエナガ、シジュウカラ、コガラが混群の主体となり、ヒガラが加わってくる。群れは落葉広葉樹に針葉樹が少し混じった「混交林」に餌が豊富なので多く見られる。群れの構成は同じ種類を単位として合流したり、分離したりして変化する。群れが分離する理由は群れの主体がエナガで、移動速度が他の群れより速いからである。小鳥たちにはそれぞれの採餌習性がある。ヒガラはほとんど針葉樹の樹冠にいて木の実を食べている。シジュウカラは地表の落ち葉をひっくり返して小昆虫や木の実を食べて下部にいることが多いが、行動としてはかなりルーズで木の上のほうにいたりする。コガラはシジュウカラに似るが幹から枝に、枝

エナガ

から幹へと動く。ゴジュウカラは変わっていて幹の上から頭を下にして餌をさがして螺旋を描いて降りてきて次の木に飛び移る。エナガは緊密な群れをつくり、木の幹の小動物や木の実を餌にして、林の中段を占める。林を垂直にみてそれぞれがお互いの階層で餌さがしをしているのである。

エナガの群れが移動してくると他の群れは木の上方にいた群れも下方にいた群れも中間を移動するエナガの群れに寄ってきて、木の中間あたりで大きな群れを作り移動していく。エナガは十羽、シジュウカラは五羽、コガラは五羽、ヒガラは三羽など、群れの数は二十羽くらいになるようだ。エナガは採餌速度が速く、他の種類はゆっくり餌取りをしている。混群のなかから最初に次の木に移動するのはエナガで、次がコガラである。ヒガラ、シジュウカラは後に続いていくが、そのうち遅れた群れが分離する。エナガは群れの先導で、行く先でまた別の群れが加わって来て混群をつくる。

エナガはカラ類ではないが混群のリーダー的存在で、背や腹に赤色があり尾が長いので分かりやすい。地鳴きはチィ、チヨッなどで、ジュリリィ、チリリィと鳴く。シジュウカラは頭が黒く目の周りと腹が白く、淡青色の美しい羽根が目立つ。ツピ、ツッピン、ツツッピー、ジュクジュクなどいろいろな声も親しめて山で出会うことが最も多い。コガラは黒のベレー帽をかぶったようでチチョーチョウ、チッチ、ツイツイなどの鳴き声をする。ヒガラはツピチ、ツイツイ、などと鳴く。これらの三種は腹が白く色も青色系で似ているが喉の黒模様がシジュウカラは長いネクタイ、コガラは小さなチョウネクタイ、ヒガラは幅広のよだれ掛けをしているようなので分かる。鳥を見るなら双眼鏡は必需品である。

カラ類の柄

春のまだ早い殺風景な山の中で小鳥が遠くの方から群れて、近づいてきて目前で鳴きながら餌をさがし、やがて順に枝を渡って去ってゆくのに出会うのは感動的でこの時期の楽しみである。小鳥の名前を覚え、それぞれがどんな動きをするのか仔細に観察すると楽し

高草山東面

みは増えるだろう。冬の早い頃は小鳥の群れは同種で行動していることが多く群れは小さい。三月頃になるとお互いに慣れて群れも大きくなって、混群で行動することが多くなるようだ。四月になれば繁殖期に入り葉も茂って群れは作らなくなる。

今日歩いたこの道は、明るい混交林で車道であるが車は滅多に来ないので静かで、沢山の鳥に出会うし両側から飛び出してくる鳥も多い。そして混群にも二度出会った。

上空にはノスリと思われる小型のタカが、風をいっぱいに受けて羽根を広げて気持ち良さそうに滞空していた。ワシ、タカ類が生息している場所は自然環境が豊かといわれている通りここは鳥が多く、バードウオッチングにはお勧めの場所である。

ノスリ

この先はやがて下って下の道と合流して花沢に降りられるが、車道は山腹をずっと水平に通っていて鞍掛峠に通じている。その道で六月にシロバナハンショウズルを見つけた。これは非常に珍しい。

シロバナハンショウズル

今日は途中から引き返した。途中木の上方で遊ぶ二羽のヤマガラに出会った。明るい茶色で目立つ

ヤマガラ

ので見分け易い。カラ類であるがあまり混群は作らないようだ。それからジョウビタキも飛んで来た。この鳥も胸が明るい茶色でよく目立ち羽根は黒く、飛ぶと背中に白丸模様が二つ出て茶と黒と白の取り合わせが鮮やかで印象的だ。代表的な冬鳥で、車道や山道など開けたところで出会うことが多く、私の好きな鳥である。三～四月にこの鳥が北に帰ると入れ違いに南から夏鳥がやってくる。キビタキは胸は黄色だが模様はジョウビタキにそっくりで習性も似ているので夏の後継者と思っている。季節の移ろいは早く、もうすぐ冬鳥は去って桜が咲き、夏鳥の季節がやってくる。

ジョウビタキ

やきつべの道

## 四月の坂本Ａコース

**気温も上がって桜やスミレなど春の花が咲き、昆虫も活動を始める。落葉樹も芽吹きの時を迎えて山が一気に装いを変え、生物が躍動する華やかで明るい春爛漫の季節になる。この時期の山の変化は早い。**

菜の花



坂本集落には林叟院《りんそう》という寺があって、ここから高草山に二つの登山コースがある。焼津駅から二kmの距離で、歩けば三十分である。バスでは朝比奈線（焼津駅—岡部—朝比奈）の坂本で下車する。この路線は一時間に一本のバスが通り、朝夕は二本と頻繁になる。車の場合は林叟院に駐車場がある。寺は人家の途切れた奥の、二つの尾根に挟まれた山間《やまあい》にある。途中で車道が分岐して右手は山に上がって行き、左が寺へ行く。寺への道は山を削って作られたので右手は岩がむき出しで、北向きなので苔が着いている。この小崖は百mぐらい続くが、今シコクハタザオの白い花が沢山咲いている。茎が四十cmぐらいに真っすぐに伸びて大根のような十字花が咲く、あまり見かけない植物である。

ハナダイコン（オオアラセイトウ）も数株が赤紫色に咲いている。中国原産で江戸時代には観賞用にされた美しい花で、野生化した。

シコクハタザオ

ハナダイコン

ユキノシタ

これもアブラナ科である。タチツボスミレも多い。マメヅタが岩を這っている。イノモトソウ、ベニシダなどのシダ類も岩に垂れている。その上方から垂れているヤマブキがもう咲き出している。あと一週間もすれば見事な黄色の花の壁ができる。

五月にはこの崖を白く変えるほどにユキノシタが咲く。白い五弁の花の下の二枚がハの字に伸びて面白く、上の花弁の赤い点が目に止まる。大きな群落は見応えがある。昔から民間薬として利用されている。ユキノシタ科のこの仲間には花が大の字のダイモンジソウ、人の字のジンジソウなどがある。

崖に石碑が立っていて羅漢さんが思い思いに置かれている。六地蔵があって歌碑がある。

　後先に藪くぐり行く二羽ありて
　ミヤマホオジロに春は静けし

野鳥の句に優れた作が多い大悟法進が焼津で作ったと記されている。

林叟院

地蔵菩薩は衆生が六道で苦しんでいるのを救済してくれる仏で、仏教の輪廻思想による六地蔵信仰がある。観音様と共に庶民の生活に近く親しまれている。

その奥に林叟院の経蔵がある。内部の大きな経棚が回転する珍しい蔵である。林叟院には焼津市指定の文化財としてこの他に印塔と山門がある。石段を上がると山門で、右手に宝永三年（一七〇六）建立の鐘楼がある。

境内の枝垂れ桜が満開で明るく映えている。ここには三月初めに緋寒桜が咲き、それから彼岸桜が咲いたが既に葉桜になっている。ドウダンツツジ、ユキヤナギ、タムシバ、モクレン、アセビは今が盛りと咲いている。ここはいま柳暗花明、春が真っ盛りだ。この寺には季節毎にいろいろの花が多く楽しめる。

キセキレイ

高野槙があり、周囲の杉、欅、槙、楠はいずれも大木で寺に古刹の気を漂わす。林叟院は臨済宗の由緒ある寺で沢山の末寺があるという。

この寺にはいつ来てもキセキレイが遊んでいる。広場でチィチィと甲高い声で鳴いて、屋根のてっぺんでも鳴き交わしている。この寺のどこかに営巣していると思われる。セキレイの仲間はこの黄色のキセキレイと白黒だが白っぽいハクセキレイと黒が多いセグロセキレイの三種類をよく見かける。人をあまり怖がらず庭などで尾を振っている。比較的水辺が好きで、キセキレイは広範にいるがハクセキレイは河口に近く、セグロセキレイは川上に多く、いずれも身近にいて親しみやすい。

イカリソウ

クリハラン

ホルトノキ

沢沿いに上って行く対岸の崖にイカリソウが咲いている。船の錨に見える珍しい形の花だ。クリハランの群生が見られる。これは沢筋の湿った岩場などに生育するシダだ。墓地のはずれに市指定のホ

ルリタテハ

ルトノキがある。ヤマモモに似た葉で、大木は珍しい。大木の槙とカゴノキが一緒に生えている。越冬したルリタテハ蝶が縄張りを主張している。

　坂本Aコース登山道は沢伝いに進み堰堤を越すと道は水平になる。大きなヤマブキが満開で、沢向こうの尾根にも見事な株がいくつか黄色に妍《けん》を競っている。ヤマブキは植栽もするが、日本全土の山野のやや湿った場所に自生している。山桜は既に葉桜でわずかに名残の花が見える。

ヤマブキ

　クサイチゴの花にベニシジミ蝶が止まっている。年中どこでも、見られる赤い小さな蝶だ。足元にはタンポポ、シャガ、ノゲシ、ジシバリが咲いて春を告げている。ヤブレガサも見られる。半開きの幼葉が破れ傘のようでこの名があるが、もう立派な傘になっている。ここは谷間の開けた場所で四周を広葉樹などの森が囲んで、一年中鳥が鳴いている気持ちの良い場所である。この先で道は分岐する。直進すれば左の尾根に取り付いて林の中の急登になる。今日は右に数歩下って沢沿いの道を辿ることにする。坂本A沢（右）コースである。

ベニシジミ

タンポポ

ヤブレガサ

セントウソウ

ムラサキケマン

丸木橋を渡り、登って行く道にムラサキケマンが春らしいピンクの華やかさで迎えてくれる。セントウソウも可愛らしく小さな白い花を咲かせている。セリ科の植物でこの沢沿いの湿った道端に途切れず見られる。竹林を抜け、涸れた小滝の上側に休憩ベンチがある。以前は滝の左にある孟宗竹の根方に穴があってタヌキが巣食っていたが昨年いなくなってしまった。ベンチから真竹の林の中のジグザグ道を登って茶畑に出る。この上部で視界が開ける。焼津市街が眼の下で、志太平野、駿河湾が一望のもとにあり随分と登ったのが分かる。

沢筋の登山道

ウグイスがホーホケキョとのどかに鳴いている。「法、法華経」と鳴くありがたい鳥である。法華経は仏教の最高位の経典である。三月にはホーホーとかコッキッチョと変な声で練習中であったが、もうすっかりうまくなって良い声で鳴けるようになった。冬には茂った薮の中でチャ、チャと鳴いていたことを思えば立派なものだ。冬のウグイスを薮チャッチャーと呼んだ。

ウグイス

ウグイスを春に捕って良い声で鳴かせる人たちがいるが、春子は三番子まであって、一番子に雄が多く良く鳴く子が捕れる。しかし捕る場所によっていくら訓練しても上手に鳴けないものがあるという。どうやら遺伝的にある地域のものは同じ系統でよく鳴けないものがあるらしい。親の教育が悪いのかもしれない。

花札に「梅にうぐいす」として緑色の鳥があるがあの色はメジロで、ウグイスは灰緑色の地味な色である。声はいいので日本三鳴鳥の一つとされている。完成されたウグイスの声は初鳴きとして喜ばれ春を告げる。ウグイスはもう少し経つと恋の季節を迎え、高音《たかね》を張って美しく複雑に鳴くようになる。

坂本コースはこの先茶畑が頂上近くまで続いて展望の道になる。この辺りにはキランソウが道にへばり付くように咲いている。目の先の道に現れる紫の花は目立つ。条件が良ければ大きく円形に広がって美しい。近くに他の植物があると縮こまって大きくなれず、何もない林縁などで大きな株を見ることができる。どうやら孤独が好きな植物のようだ。「医者殺し」「地獄の釜の蓋」などと物騒な別名を持ち、万病の薬になるらしい。

キランソウ

荒れた茶園の中の切り開き道を行くとアケビが薄紫の花を沢山咲かせていた。とても強い良い匂いを放っていて花もかわいらしい。花に二種類があるのは面白く、同じ枝の大きな紫色の方が雌花である。秋には甘い果実を提供してくれる。

アケビの雌雄花

ここで最初の車道に出会う。左手に「笛吹段公園」がある。山の傾斜がゆるやかになって茶畑が広がっている。頭上でヒバリが鳴いている。ピィピィピィ、リリリ、ピチクリ、ピチクリと複雑に長時間続く。どうやら空の三点から聞こえるので三羽いるらしい。毎年四月になるとこの場所でヒバリが鳴く。ヒバリは開けた草原が好きな鳥で、ここに巣があって一年中ここにいる。もう何年もこの時期にここで声が聞けるので楽しみにしている。ずっと聞いていても飽きない。恐らく同じ鳥が鳴いていて、今年は子供が増えたのだろう。晴天の空でホバリングしながらさえずるので「日晴り」という名がついた。さえずり飛翔を特に「揚げ雲雀」という。

時は春、日は朝《あした》、あしたは七時
片岡に露満ちて
揚げひばり名乗り出で
蝸牛《かたつむり》枝に這い
神空に知ろしめす
全て世は事もなし

これは、高校生になった最初の国語の教科書にあったスイス人ブラウニングの詩、上田敏訳「海潮音」の「ひばりが行く」で、いまでも覚えている。春の喜びと平和がある。

ヒバリ

車道の所で先ほど別れた坂本A尾根コースと合流する。ここの茶畑の上部は見晴らしの良い休憩場所である。冬は暖かく夏は風の通る日陰がある。登山道の中間点である。

この辺りは今桜が満開になっている。ヤマザクラは赤い若葉が桜の美しさを際立てる。葉が緑色なのはオオシマザクラである。いずれも花と葉が同時に開く。葉が出なくて花が先に咲くのは普及種のソメイヨシノザクラであるがここにはない。ここに葉が薄茶色で大輪で純白の花が見事な木は雑種強勢、ヤマザクラとオオシマの自然交配種ではないだろうか。

見渡せばあちこちで桜が咲いている。畑の隅にも、林の中にも沢山ある。花が咲けば桜の存在が分かって目立つ。ここだけでも日本人が桜を好きで、大事にしていることが分かる。林の桜は切らないで残し、畑脇の桜は移し植えたも

ヤマザクラ

のだ。里では更に輪をかける。日本のどんな町にも桜の見どころがあるのだ。

「花は桜木、人は武士」とは仮名手本忠臣蔵にあるが、桜は良い。桜の季節になれば心が浮き立つ。

古《いにしえ》の有名人の歌を挙げてみよう。

願わくは花の下にて春死なん
その如月《きさらぎ》の望月の頃　（西行）

いにしえの奈良の都の八重桜
今日九重に匂いぬるかな
（小野小町）

世の中に絶えて桜のなかりせば
春の心はのどけからまし
（在原業平）

明日ありと思う心の仇桜
夜半に嵐の吹かぬものかわ
（親鸞上人）

散る桜残る桜も散る桜　（良寛）

花の雲鐘は上野か浅草か（芭蕉）

敷島の大和心を人問わば
朝日に匂う山桜花　（本居宣長）

花に心を寄せ、満開の桜の下で死にたいと歌い、遠い平安時代に「山家集」などに多くの桜の歌を詠んで日本人を総桜ファンにしてしまったのは西行である。

桜の花の蜜をメジロが好み、開花するとメジロが集まってくる。アクロバチックに器用に蜜を吸う。ヒヨドリも好きである。平地ではスズメが桜を好むが、スズメはくちばしが短く花の底の蜜に届かないためか花を外から食い破ってしまう。このため桜にスズメがくると樹下は花が散乱することになる。落花狼藉のスズメはいただけない。

スズメ

何年か前に掛川の粟ケ岳に花見に行ったことがあるが、冬の間に山から降りてきたウソという赤い小鳥が咲く前の花芽を食べてしまって春に二年続けてほとんど桜が咲かなかったことがあった。美しい桜にも災難が降りかかってくる。

ウソ

二度目に車道に出会った辺りは菜の花が満開で、黄色い花がまばゆい。この上の車道にも沢山ある。以前に誰かが種を蒔いて毎年ここで咲いている。

山道にはスズメノカタビラが小さな白い花を着けて道を緑に変えている。どこにもある雑草だ。

スズメノカタビラ

三度目の車道の所に白いコンクリートの小屋があって、二年前まではここにトケイソウが咲いていたが、なくなってしまって寂しい。
最後の四度目の車道に出会う手前の放棄茶園の中の道は両側に広く刈り取られて桜の苗木が二十本ほど植えられていた。水仙とクチナシとクロッカスもある。活着すれば公園化して美しくはなるが自然が遠くなる。いいやら、悪いやら。

菜の花

トケイソウ

ここで専門のワラビ取りの人に出会った。大きなリュックを担いで手にはワラビの入ったビニール袋を下げていた。聞けば畑と林の縁に多いらしい。この季節登山道でもワラビは見つかるが、人が通る所には少ないのでほんとに春の山の幸を欲しかったら道のないところを歩かなければならないようである。ワラビに似たイワヒメワ

ワラビ

イワヒメワラビ

ラビもある。

車道の所は高度も上がって眺望は良く、車もここで止めて景色を堪能して行く。志太平野の中央を東名高速道路が通っている。この道路は高架で長大なので、平野をクロソイド曲線がＷの字を描いて曲がって行くのが際立って見える。高速道路を直線で作ると、運転者はすることがないので眠たくなる。その事故防止の曲線道路なのである。

新幹線は直線で平野の中央を突き抜け、河岸段丘の牧之原台地へもぐり込んでいる。

ここでは下から吹き上ってくる風の具合がいいのか無線操縦のグライダーを飛ばしているグループをよく見掛ける。ここから頂上までは二十分弱の直登になる。すぐに石脇コースと合流し、百五段の階段の上で坂本Ｂコースと、二本杉の所で花沢から鞍掛峠を経てくるコースと合流する。

東名のクロソイド曲線

アゲハチョウ

越冬したヒオドシ蝶が道にいた。ナミアゲハが飛んできた。これは今年生まれた蝶だ。アゲハチョウが正式な名である。緑白色の地に黒の紋がある最も普通に見られる蝶で、この科を代表する名になっている。種を区別したい時にナミアゲハと呼称する。ナミとは並の意である。春のナミアゲハは春型といって小型で紋が鮮明で瑞々しく美しい。厳しい冬を蛹で越してまだ春早いこの時期に羽化するので餌の豊富な夏の蝶とは大きさが劣るのは仕方ない。

頂上付近にエイザンスミレが咲いている。花は大きく淡紅色で、葉が細裂する珍しいスミレである。

ヒゴスミレ

エイザンスミレ

この辺では安倍奥の山には見られるがこのような低山にあるのは珍しく、大切にしたいものだ。ヒゴスミレを見つけた。葉はエイザンスミレに似ているが更に細く、花は白い。これは太平洋側の避雪地帯に生育する暖地系のスミレで、この山ではこれまで記録がなく新発見の種類である。

高草山で有名なものはキスミレだ。以前は頂上がスミレの黄色いお花畑になったが山頂はもう絶滅寸前である。私は一昨年（平成十三年）に一本見つけた。山頂以外ではまだ残っている。静岡県にはここ以外では三ヵ所に点在しているが、数は少ない。

日本には黄色いスミレは四種あり亜種も数えれば十種にもなるが、暖地にはこのキスミレしかない珍しいものだ。スミレ類は春先に咲き、蟻が花粉の媒介をする珍しい蟻媒花の植物である。蟻はスミレの種を巣に運び込んで保管して後年発芽する例もあると聞くし、スミレ類は花後に閉鎖花という花弁のない自家受粉の花を着けて季節はずれにも実を着ける特異で強壮な性質があり、生存に希望はあるが厳しい現実である。

キスミレ

高草山の山頂は笹の草原になっている。キスミレは火山灰土の特に黒墨土で、春には地面に日の差す向陽地が適地なので、ここにキスミレが生育してきたということは、長い間ここには人の手が入って笹が刈られてきたということである。一年手を抜けば笹が立ち、高茎の笹や草が地を覆う。地表に光が当たらなければスミレは生育できない。ここのキスミレがなくなるかも知れないのは生育環境の悪化である。草の刈り方や踏み荒らし、盗掘などが問題になる。昭和三十年頃から農家が牛馬を飼わなくなり、肥料は化学肥料になって草や笹を利用しなくなった。薪や炭はガスに代わって木を利用する必要もなくなってきた。最近は安い外国の農産物が農家を圧迫して山の耕作地まで放棄されて荒廃が目立ってきている。こんな中で地元の人は年に三〜四回草刈りをしてくれている。キスミレは火山灰土で野焼きをする阿蘇山では群生しているようだが、他では姿を消しつつある。茎が立って先端にかわいい黄色な花を付ける。できるものなら下から種を持ってきて、ロープを張って看板を立て、一坪でも山頂にキスミレを復活して頂きたいものだ。キスミレは富士山が生育の北限であるが、全国的にも生育地が失われてきて、「高草山のキスミレ」は全国的に知れ渡っているのである。

　山頂の小笹の草原《くさはら》にタチツボスミレが一団になって咲いている。茎が立っているのが特徴で、葉は心形で、この山ではどの登山道にも沢山あって、日本全土に分布している。またニオイタチツボスミレの大きな群落があってそこは今、遠くから見れば紫色の雲のように見える。タチツボスミレより花が濃く綺麗で、花弁が重なり合い、匂いのあるスミレである。花期には一株ずつ孤立して茎がないように見えるが後で立ってくる。フモトスミレも幾株かの群れが見られ、白い花で唇弁に紫の筋があり距も紫だ。葉裏はほとんどが紫なのが特徴である。

タチツボスミレ

ニオイタチツボスミレ

高草山の山頂は小笹の中で何種かのスミレが群落を作り、そここで今紫の花園を作っている。以前はキスミレがこのような華やかさで広がっていた。この山頂はスミレの生息にはよい環境があるのだろう。坂本コースの麓の方で「オトメスミレ」に出会った。大きな白花をつけた数株があって、これはタチツボスミレの変種で距に紫が残っている。

　ナガバノスミレサイシンは花が少し大きく葉が長く花弁の紫色の筋が濃く、半日陰に生える。

　西の谷コースには葉が長く、葉柄に翼がある最も普通種のスミレがあった。「スミレ」という名のスミレである。麓ではノジスミレがあり、スミレと似ているが葉な

オトメスミレ

フモトスミレ

スミレ

ナガバノスミレサイシン

ノジスミレ

ど幅広で翼はない。この二種は分布が広く、里で最も普通に見られる。

このコースの桜の林の中でアカネスミレを見つけた。濃い紅紫色

ニョイスミレ

アカネスミレ

の花が鮮やかで美しい。葉は長卵形で微毛がある。ニョイスミレ（ツボスミレ）は花期が遅く四月終わり頃に咲くが、花は白く小さく、唇弁に紫の筋が入る。草丈は二五cmも大きくなり、葉は先の尖った心形〜腎形で基部は深い心形で少し湿った場所に見られる。

日本には六十種類のスミレがあって、更に亜種、変種も多いスミレ大国である。高草山のスミレは、私が出会ってここに挙げたのは十

山頂のオオシマザクラ

二種類であるが、専門家が調査して二十種が報告されていて、ここは北と南のスミレが混在するので種類が多く、日本でも珍しい場所のようだ。スミレは美しく可憐でしかも気品がある春の代表的な山野草であり、高草山のスミレ類は特筆されるべきものがあり大事にしたい。

山頂にはオオシマザクラの大木が十本ほどあって少し若葉が出て、つぼみが膨らんでいる。根回りが

山頂付近の桜

太く百年物だろう。全てオオシマなので誰かが昔ここに植えたものだ。あまりに大きいので見上げると逆光で暗くなって美しく見えない。オオシマザクラは花と葉が同時か、むしろ緑色の葉の方が先に出るので花が目立たないこともあるようだ。北の山頂にも見事なオオシマサクラがあるが、こちらは枝が低くにきて花の中にいる感じがあってよい。「この山の桜が好きなので毎年撮りに登って来るのです」という写真家に出会ったこともある。

　今年の桜は平年より一週間早く開花して平地の桜は満開か、少し散り始めている。今日山に登ってきて山の気候の差を目《ま》のあたりにした。山は暖かなので裾の方ではもう葉桜であった。中腹の桜が満開で、山頂の桜は少し咲いている部分もあるのでちょうど開花時期で満開はあと一週間後と思われる。山の標高が百ｍ上がると温度は〇・六度下がるので、標高五百ｍの高草山の頂上と麓では三度の差がある。この差があれば気候は半月に相当する。桜の満開の時期は二週間の開きになる。今日この山へ近づいてきて中腹に桜が咲いて、花の白い帯があった。この山は頂上付近に薄紅色の満開の桜の雲ができるがそれはもう少し先である。

　安倍川奥や寸又川沿いの高い山に五月の連休頃登ると遅い満開の桜に出会える。しかし山の桜の咲いている所は短く、歩いて行くとすぐに通り越してしまうので拍子抜けする。山の標高による温度差は大きく桜前線は狭い範囲で画然とゆっくり山を上がって行くのである。咲いた桜は目立つので向かいの山を見れば桜の花の帯が見える。有名な吉野山の桜も麓から山頂まで満開前線は一カ月かかって上り、長い間どこかで満開の桜に会える。全山桜が満開というのは丘のような小さな山にしか起こらない。桜見物には心得ておくべきことである。

　山頂にタンポポが沢山咲いて花園のようになっている。この黄色の花は春を象徴して、人はこの花で春を実感する。桜に春を感じる人は多いが少し寒さが伴う。タンポポには暖かさがあって春本番を感じる。

　日本のタンポポの種類は代表的な四種類がある。エゾタンポポ、関東タンポポ、関西タンポポと静岡県はトウカイタンポポである。明治に西洋タンポポが入ってきた。西洋種の生育は旺盛で日本種を駆逐しつつある。日本種は競争に負けて、志太平野のタンポポももうほとんど西洋タンポポになってし

西洋タンポポ

まった。日本のタンポポは花弁を包むガクが花を包んでいるが、西洋種はガクが開いて垂れ下るので区別がつく。トウカイタンポポは花を包むガクの突起が大きい。今日山へ登って来るとき花をひっくり返してずっと調べてきたが西洋種は一つもなかった。他のコースも同じでこの山にはまだ西洋タンポポは侵入して来ていない。山は案外保守的で何かの防御力があるのかも知れない。

ジロボウエンゴサク

　ここにジロボウエンゴサクが咲いている。花の距という部分が後ろに管状に伸びた変わった花だが、春らしいピンクの小さな花で印象深い。スミレをタロボウと呼びその弟なのである。距があるところが似ている。里でよく見掛けるニワゼキショウも咲いている。この花の色は赤、白、青、紫があり、幾何学的な美しさがある。

　頂上には十人近い登山者がいた。山頂には沢山のベンチがあってそ

ニワゼキショウ

れぞれのテーブルが賑やかである。三月頃から登山者が増えて五月までの良い季節は特に山が賑わう。平地の桜が終わって来週は山頂の桜が満開になるので多くの人がここに登ってくるだろう。この山もいよいよ華やかな春を迎える。

　今日の帰り道は石脇コースを降りて北部水路土手の桜を見ながら林叟院に戻った。石脇から坂本まで二km近くの間に、木も大きくなった見事な桜並木がある。桜が満

開の今、林叟院と高草山と石脇を結ぶ三角形のこのコースは山と平地の桜を満喫する花見の好コースとして推薦できる。しかもどこからでも振り出しに戻って来られるので都合が良い。

　この先の朝比奈川の土手には百本近い河津桜の並木があって三月の初めには濃いピンクの花の列が見られた。まだ木は若いが数年すれば立派な花見ができるだろう。

　四月の中旬にまた坂本Ａコースを登った。前回から二週間経っている。林叟院の参道はヤマブキが満開で黄色い帯が出来て華やいでいる。

北部水路をうめた桜の花びら

　ここで、今日見ることを期待していたツマキチョウにいきなり出会った。モンシロチョウに似た白い蝶だが一回り小さく、前翅の先が尖ってそこが橙色になっている雄だ。雌には橙色の紋がない。姿も飛び方もモンシロチョウより優しげで可憐な蝶で、この蝶は四月中旬の一週間だけ現れる。

ツマキチョウ

　地球の北半球の温帯はヨーロッパ、アジア、アメリカに連なり、日本も温帯に属す。この地域の春先に「春の妖精」が現れる。春の日の光が強くなって林床が暖められると急いで芽を出し、生長を始め、花を咲かす植物がある。落葉樹が芽吹いて葉を広げると地表は陰になって日が射さなくなってしまうので、林床の植物はその前に急いで生活のサイクルを回す。日本でこの現象を説明するとき、その代表としてカタクリとギフチョウを挙げる。

カタクリ（金谷）

ギフチョウ

カタクリは芽を出してすぐに葉を広げ花を咲かせ実をつけて、六月には地上から姿を消してしまう。この花の開花に合わせてギフチョウが吸蜜にきて受粉する。ギフチョウはこの時期だけの短期間現れる。まだ春の早い時期の、他の植物や昆虫が現れる前に、この両者はお互いを頼りにして生命を維持してきたのである。この関係は氷河期以来のものだという。氷河期には氷河が温帯地方まで覆って、夏は非常に短くなって植物は短い間に生長して子孫を残さないといけなかった。今は温帯に戻ったが、これらはその氷河時代の名残の植物であり、昆虫であるという。日本の春植物はフクジュソウ、セツブンソウ、カタクリ、ヤマブキソウ、ニリンソウ、イチゲ、アマナ、ケマン、エンゴサクなどがある。スミレ、エンレイソウ、イワウチワなども春に花が咲くが、秋まで葉を着けて木漏れ日を利用して光合成を続けるので春植物とは区別される。春植物はまだ発生が少ない昆虫たちを集めたくて誘致合戦をして高山植物や寒帯植物が美しくなったと同じ原理で花を大きく美しくした。まだ緑のない林床に群落を作って一斉に咲く特徴もあり、これらの春の林床植物はいずれも可憐で美しく、しかも突然現れてすぐに消えるはかなさがあって「春の妖精たち」「スプリングエフェメール」と呼ばれ「春植物」ともいい、春の山の落葉樹の林床を美しく彩ってくれる。

そしてこの時期に合わせるように一週間だけ現れる春の蝶がある。この辺りではギフチョウとツマキチョウとウスバシロチョウである。春植物に対する「春昆虫」という言い方はないが、私はこれを春昆虫と呼びたい。いずれも早春に短期間現れて、美しさとはかなさがある。ギフチョウはタテハチョウ科で黄色地に黒の模様があり、赤の斑点が入って「春の女神」と呼ばれる美しい貴重種なので採集されやすく、絶滅危惧種である。

ツマキチョウも美しいが広く分布している。ウスバシロチョウはモンシロチョウより大きく透き通るような白で、ゆらりと優雅に舞う。これらはいずれもシロチョウ科の蝶で、人里の近くに住んで大根、菜種、キャベツなど十字花科の植物を食草にしている。これらの作物は人が畑で栽培するので、蝶も農耕の発達に添って古い昔から人と共に人里で生活してきた。モンシロチョウは平地の畑に多い。ツマキチョウは山沿いの畑にいる。ウスバシロチョウは山奥の畑にいて、藤枝市では蔵田、舟ケ久保にしかいないし、島田の大平や安倍奥の集落のように標高の高い場所にある集落周辺にいる。高草山にはカタクリもギフチョウも見られない。以前は県下に広く分布していて高草山にもカタクリがあったと聞くし、ギフチョウも県下全域にいたが、今は県の限られた場所にしか見られない。ツマキチョウだけはこの時期に高草山の麓にも現れる。

ウスバシロチョウ

　高草山でも見られる春植物はムラサキケマン、キケマン、ニリンソウ、エンゴサクなどであろうか。春植物は北国では春の女王として華やかに林床を飾るが、暖国静岡ではさほど目立たず、少しの手がかりで春を楽しむ。

モンシロチョウ

　林叟院はもう桜の季節を過ぎてつつじの季節になっている。境内の赤や白のつつじが目に映える。登山道を登って行くと道際のジシバリが黄色い花の絨毯を作っている。シャガもちょうど見頃で道際を飾っている。ヤマブキの大株はもう咲き終わって黄色の花がわずかになった。今日は分岐を谷道に下らないで直進して左の山へ登って行く。坂本A尾根（左）コース

ジシバリ

だ。

取り付きにミズヒキがある。通称八の字といって緑の若葉の中央に赤黒く「八」の字が現れる。その異様さに初めて見る人はびっくりする。夏に花茎を長く伸ばして赤い花を付けた姿は祝儀袋につける水引を思わせるが、その赤を知らせているのかも知れない。

ミズヒキ

道は急登のジグザグコースでいきなり汗をかかされる。雑木から竹になり、杉が多くなり椎や楠の照葉樹林に変わるが、尾根道に出て十分強で抜ける。尾根の上部でマムシグサが立って、茎にまむしの背のような茶の斑模様を見せている。コンニャクの花に似た奇妙な花の、仏炎包が赤い蛇の頭のような姿で気味が悪い。スルガテンナンショウも似た姿で多くあるが、少し背が低く、茎の縞模様がない。似たウラシマソウが花沢山にあったが、長い釣り糸を垂らす。この仲間は雌雄異株であるが初めは雄株で、大きくなると雌に変身する。だから雌株は大きく、秋には綺麗な赤い実をつける。

マムシグサ（秋）

マムシグサ（11月）

種類は違うが鞍掛峠にあったカラスビシャクも舌を上に伸ばす。これらはこの時期の不思議な姿をした植物たちである。

スルガテンナンショウ

尾根道に太いコナラがあって、

ちょうど花盛りである。薄黄色の花房を木いっぱいに垂らし、黄緑色の葉も出て、明るい芽吹きである。茶畑に出て車道を辿ればすぐに下からの車道に合流する。ここは坂本A沢（右）コースとの合流点でもある。

カラスビシャク

ウラシマソウ

ここから車道を左に笛吹段公園に向かう。公園の中に「笛吹段古墳」があって案内板もある。志太郡では最高所にあり、古墳時代は三～七世紀であるが、その後期のものらしい。傾斜の強い高草山では珍しくこの辺りは平坦地があって、昔は人が住んでいたのだろう。公園には駐車場があり、一家族が楽しげに弁当を広げている。三月に咲いた河津桜はもう葉桜になっている。四月も中旬になれば寒さはすっかり取れて、吹く風も温かくなって山にもうららかな春がきている。

ここの茶畑に細い茎を四十cmぐらいに立て、青紫色の小さな唇状花を着けてマツバウンランが咲いていた。段に紫の群落を作ってたおやかに風に揺らぐ様は風情がある。

ハハコグサが黄色く咲いている。チチコグサは似ているが花が白い。この二種は花期が定まっていないように長く花を見る。日本全土に普通にあるが、葉にも茎にも綿毛があって全体に白っぽく見える。チチコグサモドキもよく見かける。

キジ

今日もヒバリが上空で鳴いている。目を凝らしてもよほどの高空か、その姿を捉えることはできない。この辺りにはキジの番《つがい》が棲んでいる。時折出会うことがあるし、ケーンという鳴き声を聞くこともある。キジは鳥なのにほとんど飛ばずに林の中を歩き回っている。

ヒトリシズカ

フタリシズカ

この春この山を私は精力的に歩いて三カ所でヒトリシズカに出会った。四枚の葉の中央に一本の花房を立て、白い雄花を付ける様子を義経の愛妾静《しずか》御前が舞いを舞っている姿に見立てて付けられた名で、この山では珍しい。フタリシズカは方々《ほうぼう》にあった。こちらは花房が二本かそれ以上立ち、静御前とその亡霊たちという。この山にこれらの植物がこんなにあったことは嬉しく、山の大きさを改めて感じた。

　この時期高草山の地表はもうすっかり緑の草に覆われている。桜、ヤシャブシ、イボタ、アケビなど一部の木は葉を開いて煙ったような淡い緑が美しい。落葉樹の大部分はまだ葉を出していないが、芽吹きの時を迎えて大きく膨らみ、赤や緑の色が溢れ出さんばかりになっている。もう一週間もすればそれらは一斉に若葉を開く。春が爆発するのはもうすぐで、お茶も芽吹く。

茶園

## 五月の関方コース

**五月の連休頃になると山はすっかり新緑に衣替えし、明るく照り映える。ウツギやヤマツツジが咲き、夏鳥も渡ってきて、鳥たちは繁殖の時期になっていい声で歌い、蝶が舞い、賑やかな初夏を迎える。**

蓮華寺池公園より高草山

五月の初め、連休に高草山に向かうと山は霞んで眠たげに横たわっている。遠くの山はほとんど見えない。四、五月は春霞の季節なのである。この時期南の高気圧が暖かで湿った空気を送り込むし、太陽の光が強くなって地表は暖められて盛んに水蒸気を上げるが、大気はまだ冷たいので冷やされて細かな水の粒になる。低温の空気は水分を吸収してしまう許容量がない。大気に吸収されない水蒸気の粒は大気中に留まって霞になる。夜は気温が下がって更に飽和水蒸気が多くなるので朧月夜《おぼろづくよ》などの春現象が現れる。この時期は風が弱いので、地上から発生した水分や塵が上空の冷たい空気に押えられて混じらず、低空に留まることも霞の発生原因ともなるようだ。

近付けば山は半月前とはすっかり様子が変わっている。茶畑も、木々も滴《したた》るような萌黄色に衣替えして山全体が明るく照り輝いている。四月の中頃に木は一斉に芽吹く。山は四月が終わるまでのわずか十日間で劇的な変容を遂げる。枯れ木のような落葉樹に葉が開いて大きくなり、一挙に新緑の季節に突入したのだ。

今日は関方コースを登る。「関方」は南北朝以来の旧家もある古くからの集落で現在は六十戸と聞いた。坂本から北へ五百ｍのバス停関方で降りる。ここに大きな案内図があり、この地に伝わる山の

センマイサバキ（ナギ）

神祭りの説明もある。山に向かって進んで行くと「猪の谷神社」がある。平安期に都落ちしてきた護永《もりなが》親王が祀られている。社殿の前にナギの大木がある。マキ科でセンマイサバキという別名があり、椿のような艶やかな葉の縦に走る葉脈に沿って葉を何枚にも裂ける。子供の頃に村の鎮守の森で裂いて遊んだことを思い出して破いてみた。ご神木になっている。

　長福寺を過ぎ、道が沢に当たって橋を渡り左に十m下った所に登山道がある。民家の間に一mほどの間隙があって道が入って行く。

ツバメ

車だと見落としそうであるが「高草登山道」と刻まれた立派な石碑があり、沢側にはペンキの立て札がある。ここの農家の軒先に蜜蜂が盛んに出入りしていて登山道を通るのが怖いほどだ。聞けば数年放ってあるので巣は巨大化しているはずだという。巣を取るには羽目を壊さないといけないらしい。ここの農家の納屋に二羽のツバメが出入りしている。もう何年もここに毎年新しい巣作りをするので、

ニガナ

同じカップルが南の国から渡って来ているらしい。ここのご主人は自然を許容し、自然と共に暮らしているようだ。裏の畑にはほとんど咲き終わったえんどう豆と大きく伸びて実を一杯に着けたそら豆があり、梅も実が大きくなっている。

　ニガナ、ジシバリ、コオニタビラコとノゲシがいずれも黄色の花を咲かせている。これらは野山に多く、温暖な静岡では一年中花を

コオニタビラコ

ノゲシ

カタバミ

着ける。カタバミも黄色である。ムラサキカタバミは赤紫色の花が美しい。この二種は地上部を取っても根が残って繁殖するので農家の厄介者で、花期は四～八月だが、これらも年中花を咲かせる強い雑草たちである。スイバ、ギシギシも大きくなっている。後者の方が葉が広い。スイバとは「酸い葉」で酢っぱいが、食草である。

ムラサキカタバミ

スイバ

　山道にかかると切り通しになり、一抱えもある大きなカゴノキと楠の木がある。カゴノキは幹が鹿の子まだらなのですぐ分かる。クスノキは新芽が美しい。各地に巨大化した名木がある馴染みの木で、今は新葉が開いたばかりで瑞々しい、薄い葉が光を通して明るく照り映えている。古い葉は落ちてほとんど残っていないようだ。常緑広葉樹も四月には古い葉と入れ替わる。落葉広葉樹は秋に葉を落とすが、常緑広葉樹は「春落葉」「常磐木落葉」などといって春に葉を落とす。春は常緑樹の落葉の季節で、知らぬ間に衣替えをしている。

カゴノキ

　防虫剤の樟脳はクスノキを水蒸

気蒸留すれば簡単に取り出せるので、江戸の昔から桐のタンスの防虫剤として使われてきたが、今はこれに似た構造で無臭のパラジクロロベンゼンに代わっている。樟脳の独特の香りは、和服を着たときの母の匂いがして懐かしい。空気に触れると分解して香りをなくすので着物に着いた強い匂いは着ればすぐになくなる。

タブノキはこの山でも多く見掛ける木だ。クスノキ科で大木になり、匂いが強く葉裏が白っぽく、若葉には褐色の毛がある。

山道は尾根に沿って登って行き、竹、杉、雑木などの林をくぐり、大きな垣根槙に区切られてみかん畑があったりする。ミカンはちょうど開花してうっとりとする芳香を送ってくる。みかんの花は厚い五弁の花を沢山着け木を白くするほどに咲いている。私はこの山で出会う二大芳香は春のミカンと秋の葛であろうと思っている。藤やアケビなどもよく匂う。開花期には登山道に芳香を漂わせ、それぞれの季節を匂いで代表して山の記憶を豊かに印象付けてくれる。

道脇にホタルカズラを見つけた。瑠璃色の美しい花がポッポッと咲

クスノキ

ミカン

タブ

ホタルカズラ

いて目立っている。小さくかわいい青い花は魅力がある。四月初めにここにツルニチニチソウが咲いていた。これも青紫色の目立つ花である。ナワシロイチゴも咲いて

ツルニチニチソウ

ナワシロイチゴ

いる。薄紫の花は優しい雰囲気がある。

桜が何本かあって葉を茂らせているが、エナガが数羽遊んでいる。顔に黒い線のある白っぽい小鳥でジュリリ、ジュリリと鳴いている。尾が長く早春に混群の核になった鳥だが、今は同種だけで餌を探していて去ったかと思えばまた戻ってくる。しばらくその様子を観察して楽しんだ。

林下にアオキ、キヅタ、テイカカズラがあっていずれも新葉が目に鮮やかだ。たけのこはもう掘り取る季節を過ぎてそこここでニョキニョキと大きく伸びている。

最初の車道に出た所は見晴らしが良く、南側に平行して伸びている尾根が見え、先端は跳ね上がってその頂上に「方《かた》の上《かみ》城址」がある。眼下の志太平野は霞んでいる。

周囲にはナラ類の木々が新葉を茂らせていて日の光を浴びて明るく輝いている。「光の四月」に対して「風薫る五月」というが、この場所はその両方を合わせたようだ。新緑の美しさは格別だ。瑞々しい若葉の真っ只中にいると目が洗われて命の洗濯ができる。己が消え、魂もどこかへ溶け入ってしまう気がする。

若葉の山

あら尊ふと青葉若葉の日の光

芭蕉

ここのコナラの木にカワセミが二羽飛んで来て止まった。コバルト色の金属光沢に輝く背と茶色の腹が美しい「空飛ぶ宝石」といわれる鳥だ。雄の求愛は捕った魚を差し出し、雌は雄が気に入ればこれを貰って番《つがい》になる。夫婦仲は非常に良く、卵は交代で温めるという。川筋にいる鳥がなんでと不思議な気がしたが、素敵な場所に素敵なカップルが来てくれて興奮した。しばらくしてチィーと鳴いて飛び去った。

カワセミ

　雑木林や竹林やみかん畑を越して行くと車道が三本交差している場所に出る。この上の雑木の林は昨年秋に一部が切られ、椎茸のホダ木にすべく積み上げられている。むき出しになった斜面はもういろいろな草で埋め尽くされている。雑木の疎林は明るく、元からあった植物もあるのだろうが新しく進出して来た植物も多い。ススキ、イシミカワ、ヤブガラシ、ジシバリ、ヤエムグラ、カラスノエンドウ、ナズナ、スイバ、ニガナ、コオニタビラコ、タンポポ、ヤブジラミなどがある。自然の生命力を感じる所だ。この場所はやがてススキなどの高茎の草が優位を占め、次に切られた雑木が芽を出して生長して草が生活できなくなる。雑木は「切り株更新」といって二十年ぐらいで大きくなって、またホダ木や炭に利用される。日本の里山に雑木林が発達しているのはこうして定期的に人手が入って管理されてきたからである。里山の雑木林は長い間保ってきた日本の原風景なのである。もしそのまま放置しておけば静岡県は亜熱帯に近い温帯にあるので、雑木の林もやがて「極相林」としての椎や楠の繁る高木の照葉樹林に変わる。これを「植物遷移」という。

ヤブジラミ

　照葉樹林といえばその主役は椎

の木であろう。シイはこの山のどこにもあって、今が花盛りである。木の下を通れば動物性のむせ返るような匂いがしてあまり好きになれない。花は夥しく咲いて樹冠を覆い、木全体を黄白色に変える。山に突然大きな黄白色模様が出現するので大抵の人はびっくりする。椎の木はどこの山にも多く、ことに多い山では山が白く変わってしまう。初夏の山の風物詩である。暗灰色の幹を持つツブラジイである。幹に縦に筋が走る沿海性のスダジイはこの山では南東側にだけ見られる。

シイの花

　フジが杉を這い登って美しく咲いている。藤は大きくなれば木全体を覆って大きな花の木が出来るので見事である。五月の山を歩けばこうした光景に出会って感動する。ヤマフジは上から見て右巻きで上ってゆき、花は一斉に咲くが、（家）フジは左巻きで、花序（房）は長く、元から順次咲いてゆく。

フジ

　次の林を抜けるとやはり最近雑木を切った明るい場所に出る。ここは昨年の秋に通った所でコセンダングサが道を覆って実がいっぱいの猛烈な場所であった。手で引き抜いて草退治するのに時間がかかり、トレパンに取り付いた種を落とすのと合わせて一時間以上も苦闘した所だ。

タツナミソウ

　今は遅いタツナミソウが何本か咲いている。泡立つ波のような形の赤紫の花を沢山つけて同じ方向に向けてよく目立つ。花は細く長く伸びて、その奥に蜜があるので一般の昆虫はこの花の蜜を吸うことはできない。蝶は細く長い口吻を丸めて持っていて、これを伸ばしてストローのように吸うことができる。花が特化して形を変え、蝶だけに花粉の媒介を託した珍しい例だということである。さればとタツナミソウを見ていると、ハチやアブや甲虫などがやってくる。しかししばらくしてやはりなにも得られず花を離れていく。

　その先は槙の堺木に囲まれたみかん畑があって、左手は太い孟宗竹が密生した林で暗い。小さな茶畑の所にヤマツツジがこぼれるほどの花を着けて豪華に咲いていた。満開を少し過ぎていたが濃い橙色が眩《まばゆ》い。ヤマツツジは太陽を好きな陽樹で、人が草を刈る山の畑の脇などでよく育つ。藤枝の農家に育った私は若い頃お茶刈りの手伝いをしたが、畑隅にこのツツジともう一つの薄紅紫色に咲き、五弁の花びらの上の一枚の赤い斑点が印象的で、花梗やガクに粘る腺毛があってベタつくツツジを覚えている。これはモチツツジと言い、日本坂の峠にあった。

ヤマツツジ

モチツツジ

ハルセミ（右が雄）

　それから春蝉の声もなつかしい。松蝉ともいって五月の初めに現れて松の木で鳴く。他の木には止まらないようだ。春に出る蝉はこの辺ではこの一種しかない。この蝉は日が照っているときしか鳴かない。雲が流れて来て日陰になると蝉は鳴くのをやめ、雲が行くと一斉に鳴き出すのをお茶刈りをしながら面白く聞いた思い出がある。

しかし高草山では聞いたことがない。この山では不思議なことに松蝉をほとんど見掛けないので松蝉はいないのかも知れない。モチツツジも見掛けないのは不思議だ。アルカリ玄武岩の地質のせいかもしれない。若い頃ツツジが咲き、春蝉の声を聞いた場所に久し振りに行ってみたくなった。当時の記憶が今は懐かしい。

茶畑

道が水平になって、茶畑、真竹林、杉林などを過ぎると「潮見平」に出る。三輪コースと車道と関方コースとが出会う所であり、岡部町三輪から登って来る道からは初めて海が見える所である。そこの高い電線に止まった小鳥がチン、チビッ、チリリーとよく通る声で鳴いている。夏鳥として亜高山帯にくるサメビタキのようだ。

道を登ると茶園があり、初めて北側が開けて見晴らしが良い。放棄茶園を篠竹が占領してしまった中の切り開き道を行く。左が杉林になった所にアマドコロが鈴のような花を着けていた。葉は百合に似ていて茎は六角だ。ナルコユリは似て紛らわしくこの山にも少しあり、茎が丸く花茎が細い。ホウチャクソウは多いが、茎が分かれるので区別できる。チゴユリもこの仲間であり、二十cm以下の小さくかわいい姿なのでこの名が付いた。ここの裏車道脇に見られ、先

アマドコロ

ナルコユリ

ホウチャクソウ

チゴユリ

端に一～二個だけ花を着け平開し、夏に丸い実をつける。
　このコースにはイワタバコがあると聞いているが私はまだ出会っていない。

　茶畑の中のツゲの木がある所を過ぎると三度目の車道に出会う。稜線の南西側で広い茶園になっている所だ。山頂に近く駐車スペースもあって見晴らしが良いのでよく人に出会う場所だ。今日も二組の登山者が休憩していた。

　上方に抜き出た一本のアカメガシワがあり、ビンズイが美しい声でチチチ、ピープィー、チチーチイ、ツィーツィーツィーなどと複雑に鳴いている。この鳥は留鳥なので一年中いて、ここ数年は毎年五月の連休に山へ入ってこの声を聞いているが、他の時期にあまり聞かない。番《つがい》で鳴いているところを見たこともあるので、恐らく繁殖期だけこの美しい声を聞かせてくれるのであろう。私の連休の山の楽しみである。木の梢が好きなようでいつも決まった木や竹のテッペンで飛んだり、止まったりして楽しむように鳴いているので分かり易い。またセキレイ科なので尾を上下によく振っている。声が良いので「木雲雀《きひばり》」ともいわれる。

　日本の三鳴鳥はウグイス、オオルリ、コマドリである。いずれも美しい声で、大きく長く複雑に鳴く。ウグイスも五月の繁殖期になればホーホケキョだけでなく複雑な「高音《たかね》を張る」鳴き方をするようになる。

　オオルリについては昨年の五月に長野県の大町から鹿島部落に入

ビンズイ

り、冬期だけ通れる東尾根から雪の爺ケ岳へ登ったが、翌日降りて来て沢筋に出た時にこの鳥に初めて遭遇した。まだ芽の出ていない木の上で美しい声で鳴く鳥がいる。立ち止まってしばらく聞いていたが、飛び上がったので残念に思っていたら、近くに来て白い腹を見せてまた鳴き出した。ピーリーリー、ポイヒーピピ、ピールリピールリなどと鳴いて最後にジェッジエッと付ける。頭から背にかけて青紫色の非常に美しい鳥だ。私は

オオルリ

リュックをソッと降ろして鳥と数mの距離で正対して聞き惚れた。十分間もそうして、ソッとその場を離れたが鳥は一所懸命に鳴いてくれた。後で図鑑を見たが人に目立つ振る舞いをするとあった。恐らく姿と声自慢で、人に聞いてほしいのだろうと納得してこの鳥が一層好きになった。自他共に認める名鳥である。

　この時の登山で、登って行く時に名古屋からのグループに出会って紅一点の鳥に詳しい人がいたのでいろいろ教わった中で、ヒンカラララと馬の鳴くような声がして聞き覚えがあったのでコマドリだと言ったら、チッチッチッと前奏が入るのであればコルリだと言われた。コマドリはピッ、キャララララと大きな良い声で鳴く。この五月の末に川根の蕎麦粒山の奥の三つ合山に大勢でゴヨウツツジ（シロヤシオ）を見に行ったとき、コマドリが行く先々でずっと鳴いていたので分布密度は随分と濃いことが分かった。コマドリもオオルリにも高草山で出会ったことはないが、山の東側にはオオルリの好きな渓流があり、山が深く、出会って不思議はないので今年はこちら側にも回ってみようと思う。うまくいけば県鳥のサンコウチョウにも出会う可能性がある。しかしこれらの鳥は主に山奥の亜高山帯にいて、渡りの季節には低山に

コマドリ

来るのでこの時期に出会う可能性がある。六月に満観峰で働いている農家の人と話したとき、二年ほど前に下の沢に近い小屋でオオルリが巣を作って子を育てていたが、誰か（何か）が雛を持っていってしまった。親は何日か捜していたと言っていた。

ところで私は、いい声で鳴いて馴染みのあるヒバリとビンズイとウグイスを三鳴鳥に選びたい。コマドリとオオルリはこの辺りでは出会う機会が少ないからである。低山とか高草山の三鳴鳥といってもよい。

ここの茶園はようやく芽が開いたところだ。茶摘みにはもう二、三日欲しい感じである。麓の方はもう摘み終わった所もあったが、この時期新芽が美しく出揃い茶園の多い高草山は新茶の緑のベールで包まれる。

ここは山頂近くで高度があるので里よりも一週間か十日ほど摘採が遅れる。園主に聞けば茶価に不利はあるが収穫量は多いということであった。茶は昼夜の寒暖の差が大きいほど品質が良いと聞くので山の茶は味が良く、更に二、三番茶期になれば涼しいので、他場所より渋みが少なく美味しさが勝るだろうと思われる。

茶畑を登って稜線に出た所が「富士見峠」で富士山が見える。山頂へはここから右へ十五分である。

稜線を行くと、所どころに桜の

チョッキリによる桜の落葉

オトシブミ

大木があって山道が桜の夥しい落ち葉で緑色になっている。緑色の落ち葉とは奇妙で、見れば虫食いの跡もない無傷の若葉が葉柄の所で断ち切られている。これはオトシブミの仕業である。四角な黒い背で鼻の長い四㎜ほどの小さな甲虫である。オトシブミは卵を産みつけた葉を切って綺麗に丸めて結び文のように作って落とす。これを恋文に見立てて付いた粋な名である。その中でチョッキリと名が付くものがあって、そのどれが桜

チョッキリ

の葉を落とすのか特定はできないが、顕微鏡写真を撮った。チョッキリとは名の通り茎を噛み切る顎を持っていて、葉を切り落とす。見上げれば桜の木は半分以上葉を落として空が透けて見えている。そして風もないのに葉がヒラヒラと舞い落ちてくる。ここへ来るまでに桜の木の下には必ず緑の葉が落ちていて桜にとっては理不尽な受難である。この現象は里の桜では見られないし他の木の葉でも見られない。しかしこの桜に着くオトシブミは桜の葉を丸めず、卵も産み付けず、ただ葉柄を切って葉を落とすのは顎を強化するぐらいの意味しかないだろうが自然界には不条理なことがあるものだ。

　稜線は高木に覆われてほとんど眺望はない。針葉樹と広葉樹が交互にあって道は明るくなったり暗くなったりする。鳥の声が盛んに聞こえてくる。今日登って来た道は尾根筋で明るく、ずっと鳥の声がしていた。鳥たちが恋の季節に入るので盛んに鳴き交わす。この期の雄鳥は雌を呼ぶために「さえずり」と呼ぶ特別に大きな美しい声を出す。だから五月の森はいろいろの鳥の声が溢れて格別賑やかになる。

　五月の山は吹く風も爽やかで、若葉が明るく輝いて、美しい鳥の声がする。命の息吹が溢れて山が最も魅力的な季節なので大勢の人に山に入って自然に接し、楽しんで欲しいと思う。

　道脇にコゴメウツギが咲いている。素朴な白花を着け黄色のオシべが目立つ小花を咲かせて可愛いい。

コゴメウツギ

　道が最後の登りになって頂上の無線の建物が見える辺りの斜面はシャガのお花畑になっている。満開で群らがって咲いている様子は、薄暗い杉の林下を明るく彩って目が覚めるように美しい。半月前に山裾のシャガが満開だったので、

シャガ

山頂では季節が半月遅れるのだ。

北の山頂には数人の登山者がいて、場所が狭くベンチが近いのでここで休憩する人は大抵すぐに話し仲間になる。山へ来る人は共通の話題があって話が弾み、顔見知りが出来る。それは山の一つの楽しみなのである。

山頂の高草権現の祭礼は五月三日で、坂本の人たちが上がってきて幟を立て礼拝をし酒宴を張って祝う。私はここで御札とお守りを買った。

5月の祭

五月の下旬になってまた関方のコースを登った。前回は尾根コースであったが今日は沢伝いに行って「方の上城址」や「山の神祭り」の関方の歴史ある場所を巡ってみる。

関方のバス停の所から入って、沢に当たって右に折れた所に駐車スペースがあり、沢沿いに車道を

ヘビイチゴ

ヘビイチゴ（6月）

歩き出す。みかん畑の草取りをしていた人に辿る先のことをいろいろと教わった。ここから三輪コースの例の一本杉が「金」という形でよく見えるという。尾根の向こうに飛び抜けて高い木があってその形をしていた。

　みかんは花が終わり、お茶は刈り取られて二茶の伸びを始めている。谷を埋めた木々の新緑はまだ瑞々しさを残して緑を深めている。アゲハチョウの仲間が非常に活発で盛んに飛来する。

ミツバツチグリ

　道端にヘビイチゴが赤い実を着けて、群落を作っていた。途中、葉が三枚のミツバツチグリが黄色い花を咲かせている。奇数羽状のキジムシロも見つけた。このれらは似た花で、夏の道端で鮮やかな黄色が目立つ。ミヤマキンバイは華やかな黄色い高山植物であるが、これと同じ仲間なので美しいわけだ。

キジムシロ

　道が逆くの字に曲がってから左にそれて、沢がくぐる所には石垣があり駐車スペースがある。栗の木があり、ここから山道に入る。ここは登山道になっていないので標識はない。杉林、みかん畑、茶畑と進む。小屋の所の杭に「狼煙《のろし》台」と標識があるので右に折れて杉林に入って行く。

　少し降りた場所は窪地になっている。ここは幻の池が出る場所だということは聞いていたが、平成十六年の十月に巨大な池が突然出

幻の池

現した。地下から湧き出した澄んだ水で溢れた池に杉が静かに立ち並んでいた。長さ百m、幅五十mの大きな池は二週間で消えた。この秋は秋雨前線が活発で、しかも大きな台風が日本に十個も上陸して新記録になって大雨が降った。池の出現は三十年ぶりだと新聞に載り多くの人が上がってきて、この珍しい池を見ることができた。

　尾根の鞍部に出た所に大きなカラスザンショウがある。枝のトゲは鋭く、幹にトゲのあった痕が横長のイボになっている。狭く見通しのない尾根を右に登ってゆく。鋭いトゲを持つアリドオシが無数に生えている。白い花が咲いて赤い実を着けた株を見つけた。掘割が三本、土塁が一つあって曲輪《くるわ》跡がある。経塚という場所が頂上で、明るく開けていて市街の眺望がある。曲輪とは城壁、堀、川、崖などで仕切られた区画で、城や館のあった場所をいう。ここが「方の上城」跡である。高草山の中ほどの尾根が西に伸びて先端が山になり、前面は急激に切れ落ちていて志太平野の絶好の物見場所になっている。方の上城は一五三二年に今川氏によって作られ、一五七〇年に甲斐の武田氏によって滅ぼされるまで厳しい戦国の世を見た。武田軍は信州の天竜川筋を遠州に下って駿府の今川氏をたびたび攻めた。まだ十分開鑿《かいさく》されず、芦原の志太平野を西から寄せてくる武

カラスザンショウ（9月）

アリドオシ

方の上城趾山

狼煙台

田の軍勢がこの城からよく見えたであろう。

「経塚」は経文を甕《かめ》に入れて土中に埋めてあったものが大戦後に大きな台風が来て、大木が倒れて甕が壊れて現れたという。経塚の先の少し下がった所に「狼煙《のろし》台」がある。大石を竈《かまど》風に組み上げてあり、炊き口がある。恐らく上面を覆って煙を絞って吹き上げたのであろう。狼煙は煙を遮って区切って上げたり、色を着けたりしていくつかの内容を伝えることが出来たと聞いたことがある。西からの情報や志太平野の情報は田中城、花倉城などから狼煙で伝えられ、この城で受けて石脇城、花沢城と受け継いで駿府城に伝えられた。誰もいない城址に一人座って昔を偲べば、想像は刺激されて往時のロマンと栄枯盛衰の時の流れを思う。

夏草や兵《つわもの》どもが夢の跡（芭蕉）

ここには蝶が盛んに飛来する。ここは尖った山の頂なので蝶が上って来ればここが終点で自然にここに集まり、密度が濃くなるのであろう。黒いアゲハチョウの仲間が主体で、アオスジアゲハも来る。

城址を後にして分岐の小屋の所に戻って登ると、すぐに茶畑が切れて左横の車道に出会う。車で来ればここが城址の入り口になる。

仮に山道を直進すれば、この道は尾根通しの道であるが、杉林を通って広い茶畑に出て道がなくなってしまう。上部は大きくなった放棄茶園なので人は通れないが、よく見れば一カ所穴がある。恐らく茶園の中の道が残っていて背を低くして枝を分けて行けば何とか通過できる。上の茶畑に出て、その上に車道があり右に行けば西の谷登山道に行き合う。

アオスジアゲハ

直進せずに左に出て舗装道路を十分ほど歩けば、突き当たりに「策牛《むちうし》山之神入口」の立派な石柱が建っている。ここには見事な大桑がある。幹が一抱えもあり、枝は四方に張って高さ数mはある。そして緑の毛虫のような実をいっぱい着けている。ヤマグワがこれほど大きくなった姿を初めて見た。生糸は絹織物になり、蚕《かいこ》が桑の

ヤマグワの実
（7月）

ヤマグワ

葉を食べて作る。日本の戦前戦後の輸出品の筆頭で日本を支えた。蚕はほとんどの地域の農家が育ててこの辺りでも桑畑はどこにもあって、子供の頃の夏に暗紫色に熟した甘い実を頬張って口中を紫にした思い出がある。実はまだ緑だが間もなく赤くなり、暗紫色に熟せば食べられる。ただしヤマグワは実が小さいので味見程度しか出来ないだろう。最近は自然食ブームで桑のジャムなどがお目見えしている。剪定して小さく仕立てれば桑は葉も実も大きくなり利用価値がでる。今では桑畑はなくなってしまったので山桑に出会うのは懐かしい。童謡「赤トンボ」は三木露風作曲で、歌えば誰も子供の昔に帰る名曲である。三番に桑がある。

　山の畑で桑の実を
　小籠に摘んだはいつの日か

キリも美しい青い花を咲かせている。キリは生長が早く、大きな木になって、材質が木の中では最も軽い。白く美しく加工のしやすい桐は高級なタンスになり、女の

キリ

アブラギリ

子が誕生した時に植えて、結婚するときに作って持たせてやる習慣がある。方の上の車道脇に今アブラギリが咲いている。十mぐらいの木の白い花は花数が多く見事で目立つ。

　桑の木の所を入って行くと「山の神座」がある。山の斜面が台状になっていて、しめ縄が張ってある。麓の索牛《むちうし》集落が古い昔からずっと守り続けてきた「山の神祭り」の場所である。実はこの山の神祭りは冬の同じ日に行われる関方の祭りが有名になっている。

索牛の山の神座

　「関方の山の神祭り」は毎年二月八日に行われる。二番鐘が鳴れば、村から山へ「参ろう、参ろう御幣《おんべ》を持って参ろう」と声を揃え、大人も子供も打ち揃って幟を立てて登って行く。稲藁で長い竜を作って山に担ぎ上げて岩に這わせる。神饌を奉げて山の神に田の豊作を祈る。竹と藤蔓で作った大弓で矢を放ち、山の神が矢に乗って降りて田の神に変わるという神事を行う。神主も名誉職もいない村人たちのこの行事は、日本の古い祭りの形式を残していることでも有名になって、この日には大勢の見物人も集まって長い行列ができてテレビ放映もされるようになった。神事の後、岩盤《いわくら》と呼ばれる場所に移って直会《なおらい》という宴会が開かれる。昔からの神聖な祈りの行事であるが、農閑期の楽しいお祭りとして連綿として伝えられてきたのであろう。祭りの日も曜日を合わせたりしないで昔のままだ。そこは関方から車道を三十分ほど登って山に入った南を向いた場所であるが、表示もないので普段は発見できないだろう。

関方の山の神祭り

　索牛の祭りの神座から奥にトラバース道が付いている。入って行けば雑木から杉林になって道は消えてしまい、人が最近入った形跡がない。途中先ほどの木より大きいと思える桑の大木がある。イヌワラビ、ギボウシ、フキなどがあった。杉林は急な斜面になっているが強引に突破すれば上の車道に出られる。神座から引き返して石柱の所に戻り、車道を辿れば十分で坂本からの西の谷コースに合流できる。

　西の谷コースに出て、最後の車道に出た所でホトトギスの声を聞いた。キョッキョ、キョキョキョキョキョと山へ響く大きな声で鳴いている。ほとんどの人には「特許許可局」と聞こえるが「てっぺん欠けたか」などと聞く地方もある。「一筆啓上、火の用心。おせん泣かすな、馬肥やせ」とは秀吉の家来で「鬼の作佐」本田作佐エ門が戦場から妻へ宛てた元祖日本一短い手紙で、ホトトギスの鳴き方に聞き做《な》されている。五月の中旬に東南アジアから渡ってくる夏鳥で、この鳥は山に夏が来たことを告げる。

ホトトギス

　卯の花の匂う垣根に
　ほととぎす、早も来鳴きて
　早苗植え渡す、夏は来ぬ

　この「夏は来ぬ」という唱歌は、夏が来たことを目に鮮やかに見せてくれる。この季節を代表する卯の花、ホトトギス、早苗が象徴的で印象深い。

　ホトトギスはハトぐらいの大きさで、尾は長く、上が黒、腹が白で黒色横班がある。この科の仲間にはカッコウ、ツツドリがいて、似た姿で似た時期に似た場所に渡ってくる。カッコウはカッコウと鳴き、ツツドリは筒を吹くようなこもった声でボボー、ボボーと鳴く。三種ともよく知られた特徴ある声で鳴き、親しまれる。しかし、この仲間は卵を自分で育てず、他の鳥の巣に「托卵」する横着者である。ホトトギスは主にウグイスに托卵する。親が留守の間に巣に生みつけられた卵は早く孵って、宿主の卵を蹴落として自分だけが餌をもらって成長する。自然界の残酷物語である。頭上のヤシャブシでしばらく鳴いて飛び去ったが、尾が長く、黒い影は怪鳥のように大きかった。

　この日、山で四度ホトトギスの声を聞いた。この時期に仲間と一斉にここに飛来したのであろう。

昨年もそうだったので山では毎年同じことが繰り返されている。六月に安倍川の奥の大光山に登った時、ホトトギスとカッコウとツツドリの鳴き声を同時に聞いた。ウグイスも盛んに鳴いていてこれらは低山から奥山に移ってきたものだ。雄鳥も繁殖期に入れば鳴かなくなり、この科の雌鳥は鳴かないという。

　卯の花はウツギの別名である。豆腐の絞り粕を卯の花というがウツギの落花が似ていて着いた名という。

ウツギ

マルバウツギ

　卯月《うづき》とは陰暦四月のことで今の五月にあたる。卯の花とは五月の花の意にもなる。五月に山を歩けばウツギが至る所で咲いている。マルバウツギも多い。二mは超さない小さな木であるが、小さな五弁の花をこぼれるほどいっぱいに着けて雪が積もったように白く枝垂れて咲くので「雪積花」とも呼ばれてよく目立ち、五月の山を華やかに飾る。ウツギとは「卯ツ木」でなく「空木」で茎がスポンジ状になっていてやがて中空になる。芭蕉の「奥の細道」に卯の花の句が二つある。

　卯の花をかざしに関の
　　晴れ着かな（曽良）
卯の花に兼房見ゆる白毛かな

「走り梅雨」は「卯の花腐《くた》し」ともいわれる。梅雨の前の五月に梅雨のようにシトシト降る長雨がある。せっかく奇麗に咲いた卯の花を腐らす長雨ということである。四月、五月になると、冬の間高空を強く吹いていたジェットストリーム（偏西風）の勢いが弱くなって、大陸から移動してくる高気圧、低気圧がぼんやりした大きなものになり、ゆっくりと流れてくる。天気は高気圧でも雲が多かったり、低気圧も小雨が降ったりやんだりする。天気ははっきりせず、前線が停滞して長雨になったりする。これが四月なら「菜種梅雨」という。五月は一年で最も快適な気候で「五月晴れ」などと象徴的な言葉もある。しかし「五月晴れ」とは本当は梅雨の合間の快晴のことで、四、五月ははっきりしないぼんやりした気候である。雨も徐々に増えてくる。

田には早苗が植えられて、五月中に梅雨前線が南海上に現れ、沖縄が梅雨に入る。本州も間もなく梅雨の季節を迎える。

初夏

# 六月の花沢コース

**六月も中旬には梅雨に入る。植物は雨を得て繁茂し、山道も草が繁って通り難くなる。ハコネウツギやミズキなどこの時期に咲く花は多く山を賑わしてくれる。鳥たちは子育てに入り山は五月ほどの賑わいはない。**

六月の初めに花沢から鞍掛峠を経て高草山へ登った。花沢集落は高草山の東にあり、焼津駅から四kmあるので歩けば一時間かかる。歩くなら一五〇号バイパスに沿って行くか、石脇を通って山道を歩く。さもなくば瀬戸川土手を下って東海道線の線路沿いに行く。公共交通の便はないのでタクシー利用か、通常は車で行くことになる。一五〇号バイパスの石部トンネルの手前の信号機を左へ入ると大きな観光案内図があるのでここで道を確認できる。東名道路をくぐって沢沿いを行くと大きな駐車場がある。ここから奥が吉津地区で、土地の産物を並べて吉津の里・日曜市「かあちゃんの店」があり、観光客や登山者が立ち寄る。隣には吉津窯があって竹炭、竹酢液を売っている。ここにも案内図がある。

道の左側にキジ舎がある。長い鶏小屋のようで三十ぐらいに仕切られた部屋があり、世界の美しい雉が見られる。キジ舎は広場の奥にあって何の表示もないので大抵の人は気付かずに通り過ぎてしまう。迦陵頻伽《かりょうびんが》か、赤、白、黄、金、青、茶色など七彩の見たこともない美しい中、大型の鳥が大抵番《つがい》で各部屋にいて、時折鳴き声も聞ける。私が行ったときちょうどシロクジャクが大きな羽根を広げ、ブーンと羽音を出してディスプレイの最中で大いに楽しませてもらった。全てキジ科の鳥が三十種近くいる。世界にはこんなに美しい鳥がいることに驚かされ、動物園でもそうは見られない。ここを通ったならぜひ見て欲しい。これを見にだけ来る価値がある。

沢に沿って車道があり、いろいろの果樹が植えられている。栗は長い紐状の雄花を垂らしてちょうど花盛りで、木全体を薄黄色に染

クリの花

ビワ

めている。梨は小さな実を着けて棚全体を寒冷紗で覆ってある。ビワは今が食べ頃で、紙袋で覆われていたり、もう採った後だったりする。梅林もあり梅の実はすっかり大きくなって緑色に輝いている。梅は梅雨の最中に収穫されて梅干しや梅酒に仕込まれる。柏餅の季節は過ぎたが、カシワが大きな葉を繁らせていて特に目を引く。

　対岸に行けば枕状溶岩が見られる。一抱えもある丸い石もあり、火山弾として飛び出したものだ。高草山の南半分はアルカリ玄武岩質なので、海底で火山が噴火したものであり、カンラン石を産出する火山性の山ということである。それが隆起して現在の山になった。高草山の植物相が非常に多様なのは山がアルカリ性であることが一つの要因と考えられている。

　立派な観光トイレ前は年中花が手入れされていて気持ち良い。近くには春先に菜の花が黄色に咲き揃っていた場所があって、今はヒマワリが植えられている。夏には黄色のひまわり畑が出現する。

　ここの三十戸ほどの吉津集落から左に車道を上って行くと高崎に行く。高草山に上って行く道であるが、右に二本の分岐を出し吉津の裏山を走る平行した山道が鞍掛峠へ伸びている。裏山は高草山の東斜面で、急峻で手入れが無理なので常緑広葉樹林として鬱蒼と繁っている。

　道を右に、沢に沿って上がってゆくと山が両側から迫って山に入って行く感じになる。長い竹垣と行灯風街路灯に雰囲気がある。道端の竹薮が一斉に花を着けている。竹は四十～六十年に一度花を咲かせて林全体が枯死するという。毎年筍が生え、竹林には新旧の竹が混在しているのに不思議なことである。根に寿命があるのだろう。花は実を結んで世代交代をする。竹に花が咲く現象は珍しいので出会ったら覚えておいてその後の様子を観察してみたい。

　迫ってくる両側の山は緑一色で常緑樹も落葉樹も目いっぱい葉を広げて緑を濃くしてきている。欅や椎が目立っている。道の両側にはもみじが多い。イロハカエデであるが、中には赤い幼葉のモミジもある。秋にはこの谷間は紅葉に赤く彩られる。桜や枝垂れ桜も多く、梅や桃もあって春も良い。

山が少し開けて花沢集落にさしかかる。山間の狭い土地に三十戸ほどの家が軒を並べている花沢は四季の自然が美しく、村の造りも古い面影を残して名高く、一年中観光客が絶えない名所になっている。

各戸の庭には花が多く、覗き込んで見るのが楽しい。花好きが多いことは流石観光を売る土地であ

花沢の里

万葉歌碑

る。沢沿いに建つ家は傾斜があるので石垣が発達して石組みが美しく、古い黒板壁や長屋門の造りと中央を流れる沢とがしっとりとした風景を作って絵になる。

この道は奈良時代中期の最も古い東海道で、平安時代「やきつべの小道」と名付けられている。道端に万葉集巻三の歌碑がある。

焼津辺《やきつべ》にわが行きしかば
駿河なる安部の市道《いちじ》に
逢いし児らはも（春日蔵首老《かすがくらびとおゆ》）
（以前焼津の花沢の道で出会ったあの子たちは今はどうしているだろうか）

万葉集巻十四の歌の坂は日本坂と考えられているという。

坂越えて阿部の田の面《も》に
居る鶴《たず》のともしき君は
明日さえもがな（読人不知）
（坂を越してきて田にいる鶴は君のように美しい。明日も来てくれるかな）

ここから少し行くと古い道標があって「右日本坂ふちゅう道　左うつのや地蔵道」と刻まれていて、右に山を登って行くと急な登りであるが、日本坂峠に行き着く。日本坂は日本武尊《やまとたけるのみこと》にちなむ地名である。「古事記」によれば、日本武尊は父の景行天皇から熊襲《くまそ》、蝦夷《えみし》征討を命ぜられ、初めて日本という国を統一した。四世紀のことである。

東征の折焼津で国造《くにのみやつこ》の奸計にかかり、野原で火攻めにあった時伯母の倭比売命《やまとひめのみこと》から貰った天叢雲剣《あまのむらくものつるぎ》で周囲の草を薙ぎ払い、向かい火をして窮地を脱した。日本書紀には「故に其の処を号けて焼津《やきつ》と曰う」とあり、この地の名になり、その剣は「草薙の剣」として静岡市の「草薙神社」に納められ地名としても残った。日本武尊は焼津で最も古く、四〇九年創建と伝えられる「焼津神社」に石造りの像がある。市内の普門寺の近くには日本武尊御沓脱之旧跡があって、尊《みこと》が幕営した所に人が集まって焼津の町が発祥したとされ、ここの等身大の石像が焼津との深い関わりを現在に伝えている。

日本武尊御沓脱の像

「普門寺」の黒塗りの冠木《かぶらぎ》門を入ると「源義経ゆかりの庭園」跡があり、若い義経が鞍馬山を脱して金売吉次に伴われて奥州平泉に向かう時、病でこの寺に静養した。そのお礼に吉次が造ったと伝えている。この寺で私が驚いたのは村松文三の詩である。

男児立志出郷関
学若無成不復還
埋骨何期墳墓地
人間到処有青山

人は故郷を離れてどこへ行っても希望の地はある。「人間至る所青山あり」というこの一節が一人歩きして有名なこの七言絶句は知っていたが、中国の古い詩と思っていた。文三は三重の生まれで、焼津の医師村松文良に医術を学び、娘の菊と結婚して村松家を相続した。ペリー来航後の国内の混乱を憂いて江戸に出て、勤皇の志士と交流し、時局に奔走した。明治維新の功労により長野に赴き、福井県知事となって焼津に引退した。村松文三の墓がこの寺にある。焼津には多くの古い歴史がある。

普門寺の冠木門

万葉歌碑の隣に水車小屋がある。水を引く筧《かけひ》が水車の上に来ている。水の流れに水車を入れるより、水車の桶に上から水を注ぐ方が効率が良く、力も強い。水を遠くから運ぶ工事は大変だっただろうが、見事な水車と思う。動いている所を見たいものだ。

　沢の水際にトキオツユクサが三角の白い花を沢山咲かせていて星の煌きを見るようで美しい。ヒメツルソバがピンクに咲いている。小さいが目立ち、葉にミズヒキのような八の字の模様が入っているのが珍しい。セキショウが沢床に多い。シャガはもう咲き終わって、艶やかな葉を川面に向けている。

花沢俯瞰と花沢山

ヒメツルソバ

トキオツユクサ

　ネズミモチが花盛りで白い小さな花を精いっぱい咲かせている。生垣によく見る。人家の庭の南天も似た花を着けてあちこちで咲いている。サンゴジュも薄黄色の花を咲かせている。いずれも沢山の花を付けて咲いているのだが、残念ながらそれほど目だっていない。

　庭に一本のヤマボウシが咲いている。この花は花びらではなくガクが変形した苞《ほう》と呼ばれる部分だが、山法師が頭に巻く白い頭巾に

ヤマボウシ

見立てた四弁の端正で大きな花が美しい。花が葉の上に立って咲くので山にあればよく目立つ。リョウブなどと共にこの山で記録されているが私は出会っていない。街路樹などに見られるハナミズキは別名アメリカヤマボウシで同類だ。サラサドウダンツツジも庭先で咲いていた。山の木だがこれは植えられたものだ。

サラサドウダンツツジ

高草山で野生のサンショウを見掛けるが、ここには山から移植したと思われる木が植えられている。落葉樹で春に葉を出し白い花を着けたが、もう艶やかな小さな葉を繁らせている。この木はとげが強いが葉や実は強い良い匂いで、乾燥した粉はうなぎの蒲焼には欠かせない。子供の頃葉を荒く叩いて砂糖と共に味噌に混ぜてご飯に載せておかずにしたことを覚えている。

サンショウ

道はやがて「法華寺」に行き着く。入り口の駐車場から二〇分の距離だ。

入り口に「照千一隅、此則国寶」(世の一隅で頑張ることは、国の宝)という伝教大師最澄上人の聖句がある。法華寺は天平年間(七二九～七四八)に行基によって創建されたというから古い。本尊の木造聖観音立像は県の文化財に指定されている。仁王門は焼津の文化財となっている。ここにあった巨大なイチョウも文化財であったが昭和五八年に倒れてしまった。

法華寺山門

境内には欅、銀杏、杉、桜、椿、つつじ、サルスベリなどがありモミジは秋にこの寺を彩る。

登山道は車道を進み、寺の裏側で右に別れる。車道は左にずっと上がって行って山腹で上の車道に合う。ここには今、栽培種であるがマロニエが赤い花を咲かせている。パリの街路樹として有名なマロニエはセイヨウトチノキといって花は赤い。トチノキは白花で葉

山頂望見

もそっくりであるが、葉にしわがない。その途中に大きな木のアメリカデイゴが咲いている。これも

アメリカデイゴ

マロニエ

外来種で、旗弁が大きな緋紅色で南国風な異彩を放っている。旗弁とは花弁が一枚だけ大きくなって旗のように見える。

登山道脇にヒメジョオンが咲いている。少し前には花期の早いハ

ハルジョオン

ヒメジョオン

Jun

ルジョオンがキク科らしい花を着けていた。ハルジョオンはつぼみが垂れ、葉柄が無く、根生葉が残るので区別できる。シオンとは紫苑と書く優雅な名であるが明治の初めにアメリカから渡来し日本全土に広がった雑草である。

ホタルブクロも淡紅色に咲いている。この名は釣鐘形の花でホタルを入れて遊んだからという説と提灯の古名「火垂る」からという説がある。道端にトウダイグサが花を着けている。地に這うように広がって、茎の先に葉を五枚輪生し、そこから五本の枝を出して杯状の花序をつけ、縁が黄色っぽい。

途中の畑にいろいろな園芸植物が咲いていて、アメリカフヨウが真っ赤な花盛りである。半月前にここでベニバナエゴノキが咲いた。この木は珍しいし、美しい。野菜畑にはモンシロチョウが群らがって飛んでいる。この蝶は年に数回の世代交代をするが、今は二回目の羽化をしたところである。この時期には露地野菜の種類も多く生育が盛んなので餌は豊富で、モンシロチョウも順調に育って里の畑にはその数が特に多くなる。

梅雨を前にした六月初旬は「麦秋」と呼ばれて気候が安定して晴天が続き、人も生活し易い最高の季節である。ちょうどじゃがいもや麦の収穫期なので収穫の秋のようである。以前はどこの農家でも麦を作っていて、この時期には収穫した麦殻を焼く煙があちこちの

ホタルブクロ

トウダイグサ

モンシロチョウ

田や畑から立ち昇っていたのどかな田園風景が懐かしく思い出される。

　六月の初めに咲く花は非常に多い。春に芽を出し葉を開いた植物がこの良い時期に花を咲かせ、これから夏に向かって実を太らせて秋に稔るのが植物の正当な段取りの生長の歩みだろう。

　道端のセンダンが薄紫色の煙るような花を着けている。秋には黄色の実を沢山着けて野鳥のご馳走になるが、今は良い香りを放って、蝶や蜂が蜜を吸っている。

センダン（秋）

ホオジロ

　ここからお寺と花沢の里が見下ろせる。里は両側から山が迫って平地がない。山は自然林が多く、植林もあるが耕地はわずかしかない。竹が入り込んで山が荒れている様子がわかる。高草山は右手に高くそびえている。電線に止まったホオジロがチョッピー、チリーリ、チョと大きな声で鳴いていて、畑にいたおばさんと顔を見合わせて聞いた。「一筆啓上仕り候」「三銭「源平つつじ、茶つつじ」「いくら貫もらって、西負けた」「いくら貫もらって、元にした」なども聞き做《な》される。ホオジロはお馴染みの茶色の留鳥で頬に白黒線があるので分かる。
　今日は天気が良く気温も二五度を超して暑い。だからもう日陰が有難く、いい風が吹いて来て嬉しい。
　杉林や槙道を過ぎるとみかん畑に出る。新葉が広がって古い葉を覆って新旧の色のコントラストが面白い。花が終わって間もないので実はまだ小さく大豆ほどだ。食べられるまでに生長するにはまだ半年かかるので実を成らせる果樹は大変だ。なにが大変かというと長い生長期間には長雨があり、かんばつがあり、台風も来る。病気になったり傷も付く。虫が付くし鳥も来る。しかし一般的にいえば果樹栽培で手が掛かるのは授粉であり摘果である。消毒があり袋掛けもする。剪定があり整枝がある。下草も抜かないといけない。難しいのは肥料の選び方であり、施し方であろう。山を歩けばいろいろの果樹に出会って農家の苦労を思う。そして感謝の心も生まれてくる。

高草山東面

登山道が横に走る車道を越して沢に沿って登ると茶、みかん畑の明るい所に出る。この沢はクレソンで埋め尽くされている。和名はオランダガラシである。明治の初めに日本に渡来して食用に栽培されていたものが湿地に野生化した。葉に独特の辛味があって洋食の辛味野菜として使われていてサラダにも良い。見れば今は黄色っぽく採取の適期は過ぎたようだ。

クレソン

急斜面の杉林を十分ぐらいジグザグに登るとまた車道に当たる。ここでアサギマダラに出会った。前翅が青で後翅がピンクの、大型で美しい私が好きな蝶だ。この蝶は六月に低山で羽化するが間もなく高い山に移動して夏の間を避暑地で過ごす。九月に低山に降りてきて、十月頃には平地でも見られるようになる。いわば秋の蝶といえるが、不思議なことにこの高草山では山頂付近で夏の間にも飛んでいる。この蝶は高草山頂を避暑地と認めているようである。この日この山でこの蝶に三回出会った。大きな羽根で林間をフワリフワリと優雅に舞う姿は驚くほど魅力的である。

アサギマダラ

道を進んで真竹や杉や荒れた茶園を五分ほどで車道に出て「鞍掛

峠」に到着する。この車道は花沢や高崎から上がって来てこの峠から下って北の廻沢を経て国道一号に至る、高草山の東の裾を巡る廻沢林道である。

鞍掛峠は登山道の分岐で東に登って行くと満観峰に行き、西は高草山に行く。この峠には大抵駐車があり、ここから登れば行程は半分だ。

道を左に取り茶畑を上って行く。この丘状の山の頂上から深い杉林になる。ここに新葉が垂れてベージュに光るので目立つシロダモがある。クスノキ科なのでいい香りがあり照葉樹林の一員で、葉は長く葉脈が三本目立つ特徴があり、葉裏は白い。

シロダモ

ササバギンラン

ハナミョウガ

杉林の中にハナミョウガが沢山あり赤白斑の花を着けている。五月に通ったときはササバギンランが三本ほど花を着けていた。葉が花序より長い。以前はキンラン、ギンランは良く見つけられたが蘭は愛好家が多く、山のランはいずれの種類も最近では数が少なくなって貴重な部類に入っている。

林下に潅木が繁っているのは背たけほどのヒサカキだ。ちょうど道の左側だけ潅木が切り倒されて明るくなっているが、右側は暗く好対照になっている。山の林にこうして人手が入り管理されているのを見るのは嬉しい。

杉林から車道に出ると茶畑がある。少し歩くとＮＴＴの道路に行き逢う。山頂の鉄塔が頭上に高くそびえて見えるのでまだ山頂は遠い。茶畑に沿って上に回り込めば道は尾根様の登りになる。暗い杉林や竹の混じった明るい潅木帯などが交互する。下草が全くなくて地面がむき出しの暗い林に出会ったりする。一度ベンチのある展望台があり、東側が開けて向かいの山が望める貴重な場所があるのでここで休憩すればよい。ここにナルコユリが咲き終わった花を着けて数株立っていた。コアジサイが薄青色の小さな花を可憐に咲かせている。装飾花がないので気づかないがこれもアジサイの仲間である。葉がアオジソにそっくりである。オカトラノオが七月に咲く。花は一方に偏り先は尾のようだ。

コアジサイ

山道は褐色の人工杭の階段で整備されて明瞭である。このコースは山の北東面を登っているので日当たりは少なく、高木の林の中を通っているので草は生えず、この時期どのコースも草が伸びて困り草刈りが必要になるが、ここはその必要はほとんどない。私はこの山で登山道の草を刈って登って来る登山者を五人ほど知っている。草が茂ってくると鎌を持つが、中には鋏の人もいた。聞けば「草が繁って通りにくい道が嫌なので」と言う。皆、自分のために草を刈る山好きな人たちである。このコースは一年中同じ姿であまり変わらない。北向きでも少し明るい場所があってここは今、シダ類が目立っている。イノデ、ゼンマイ、フモトシダ、イヌワラビ、イタチシダ、クマワラビがある。珍しい

オカトラノオ

林下にベニシダだけ生えている

キヨスミヒメワラビ（シラガシダ）もある。三角形をしたシダはナライシダで見覚え易い。ワラビやゼンマイは夏に茂って冬には枯れる。

　この先の暗い杉林の下は地面がむき出しの下生えのない殺風景な場所であるが、ベニシダだけが点々と生えている。このシダの生命力の強さは驚きだ。いろいろの場所でいろいろの姿で出会うので非常に紛らわしいシダであるが、この山では分布が多くシダの主役となっている。私は葉先の曲がり方に特徴があって判別の基準にしている。葉裏に二列に着く丸い胞子は綺麗な紅色で五月の芽出しの頃は若葉も赤い。県下の、植えたままで手入れがされない荒廃植林は現在四〇％を超しているということで驚きで、困ったことだ。

　山頂が近くなると桜の大木が多くなる。クヌギの大木もある。大きなツゲがあって南から上がってくる登山道と二本杉の所で出合い、あと五分で頂上である。峠からここまで一時間弱である。

　ここから少し上ったところにマユミの木がある。この木は五月の末に花を着けるが珍しい緑色の花で、しかも小花なので目立たない。この時期山道を歩いているとマユミの花が終わって道の色が変わるほど花を散らす。この山にはマユミは多く、この木の存在を落花で知る。枝は弾力があって弓にしたので真弓と名が付いたという。

　頂上に着いたが富士山は今日も見られない。晴天であるが濃い霧が遠くを隠して梅雨が近いことを教えているようだ。登山者は今日

ベニシダ（幼）

ベニシダ

マユミの落花

も十人近くいて明るい山頂は賑やかである。

下山は石脇コースから高崎に抜け吉津に下りた。こちらの道は明るい。南面したこの道は日が当たるので登って来たやや暗い道とは違う種類の植物があって華やかな開花が見られる。

ハコネウツギ

ハコネウツギが道の至る所で咲いている。葉はあじさいに似ていて、この山の中段より上には非常に多い。白と赤の鐘形の二色の花が隣り合って沢山咲くので美しくおめでたい。花は二色あるのではなく白から赤に変わってゆき、そのグラデーションが豪華で六月の山を飾ってくれる。白花ばかりのものはシロバナヤブウツギで数は多い。赤い花の釣鐘型はヤブウツギで、時折り見掛けるが花期は少し早い。

ハコネウツギの落花

シロバナヤブウツギ

金網にはスイカズラが這っている。白と黄色の花を混在させているので珍しく、キンギンカ（金銀花）とも呼ばれる。花は初め白く、黄色に変化する。また冬でも葉を全部落とさず内側に巻いて寒さに耐えるのでニンドウ（忍冬）という名も付いている。スイカズラ

ヤブウツギ

（吸蔓）とは花の蜜が甘いので付けられた名であり、この花にはいくつかの名があり覚えておきたい。

イボタ

スイカズラ

花の匂いも良い。珍しい植物ではないので簡単に見つかる。大きくならない木であるがイボタが小さな白い花をいっぱいに咲かせている。普段は薮の雑木のようで目立たないが、花が咲けばさすがに目に留まる。

最初に車道に出た所で黄色く色着いたコバンソウを見つけた。大きな群落になっている。稔った実が黄金の小判に見える面白い姿の草だ。どこにでもあるというわけではないので珍しく、嬉しい植物といえるだろう。

コバンソウ

高圧鉄塔を過ぎて高崎への分岐

ミズキ

ガマズミ

Jun

の車道を下るとガマズミに出会った。葉は丸く大きく先が尖り、ひだがあり毛がある。白花は散房花序で沢山咲きよく目立っている。秋には赤い実を付けて美味しい。ことに何度か霜に当たると酸っぱさに甘みが加わって野趣ある味になる。その先で白い花を皿状に美しく咲かせたミズキがあった。花にはアオハナムグリが沢山集まって花粉まみれになっている。見栄えのする立派な花だ。

　道脇のコンクリート壁に上から垂れて枝を広げてアズマノイバラ（オオフジイバラ）が白い花を盛大に咲かせていた。日当たりの良い場所が好きで五弁の花の匂いも良く、バラの華やかさがある。秋には赤い実を稔らせる。

　山は今、いろいろの花の花盛りを迎えている。もうすぐ梅雨が来るがその前に咲く花たちである。

アズマノイバラ

これから梅雨になって咲く花もある。そして本格的な夏が来て夏の花が咲く。季節が少しずつ巡って山はその時々の違った姿を見せてくれる。

　静岡県の梅雨は六月十日から七月二〇日頃の約四〇日間である。今年も平年の梅雨入りであった。梅雨の最中の六月下旬の晴れた日に花沢からまた山に登った。梅雨の最中でも晴れる日は多い。以前の梅雨は部屋にカビが生えるような雨がシトシトと連日降り続いたが、最近は降っては晴れる陽性で熱帯型のスコールのようになってきた。温暖化の影響といわれる。

梅雨期の満観峰

今日は高草山でなく満観峰から花沢山を回ってみる。

　満観峰は高草山の東側にある隣の山である。花沢から登山する人は高草山に登る人より満観峰に登る人の方が多い。満観峰は静岡県中部では人気のある山である。満観峰は大きな人口を持つ静岡市にあって、登山に手頃で交通の便も良く、特に見晴らしが良い。満観峰は「全て観える峰」という名が示すように富士山や静岡市、伊豆半島や駿河湾、安倍奥の山や南アルプス、西には高草山が大きな山体を横たえて焼津市街も見える。人気があるわけである。

　今日は気温が二七度にもなって晴れて暑い。梅雨の合間の晴天で蒸し暑く五月晴れの爽快さはない。

　この時期に最も似合ってしかも美しい花はアジサイである。植栽されたものであるが人家にも道脇にも山腹にも今を盛りと咲き競っている。赤、白、紫、青色の花がある。アジサイの花の色はアントチアンで、土壌の酸度で色が変わる。アルカリ性なら青色の花が咲き酸性で赤色になる。花が咲いて日を経ると花に老廃物が貯まって酸性になってくる。そうなると青かった花が赤く変化する。花の色が変化するのでこの花は七変化という別名を持っている。花言葉は「移り気」とか。大輪で美しく、梅雨時の陰鬱を吹き飛ばしてくれるこの花は梅雨時の王様で、花の色は雨の中で一段と映える。こんな花は他にはない。

　クチナシの花も咲いている。白い六弁の花を風車のように着けて強い良い匂いを放っている。これ

アジサイ

クチナシ

Jun

も梅雨の花だ。秋に実が熟しても口が開かない（割れない）ので口無しなのである。黄色の食用色素で、お節句の餅の色や藤枝名物の黄色のおこわにも使われている。

　鞍掛峠まで登って涼んだが半月前より更に蒸し暑さが増してきたようだ。

　この先に以前はトーショージという寺があったと聞いた。人家を離れたこんな山の中に寺を造った昔の人は驚くことをするものだ。

　半月前にはここから左の高草山に登ったが今日は右の満観峰に向かう。すぐにカラスビシャクがあった。小さなホウから紐のようなものを上に伸ばした奇妙な姿をしている。更に進んだ所にはハナイカダがあって葉の真ん中に花を着けた、通常では考えられない奇妙な姿をしてちょうど咲いている。不思議な植物があるものである。

ハナイカダの実

ハナイカダの雄花

雌雄異種で雄は花数が多いが、雌花は一つ着く。

　山道は山腹のほぼ水平道を三〇分ほど歩く。途中この冬、山火事になった所があった。林下の潅木や雑草、落ち枝などが焼けて黒い地肌がむごい。杉の林は五〇年物ぐらいで太かったので根元の杉皮が焦げて黒くなっていたが、どうやら無事に生還できている。火事は稜線まで燃えて止まっていて、そこでちょうど地主さんと出会って話を聞き、放火犯は捕まったということであったが全くひどい。

　道が交差している所は茶畑で、左の道を行けば山に上がっていって蔦の細道に通じている。右に急登を十分で満観峰の山頂に立てる。山頂にはベンチがあり休憩所もある。十人ほどの登山者がいて賑やかである。ここはドーム状の草原で周囲の木も遠いので眺めはすこぶる良い。四周が見渡せて富士山も目の前だし、今は見えないが冬の南アルプスも見事である。日差しが強いので登山者はベンチを避け、少ない日陰を探してそれぞれに寄り集まっている。

　満観峰へは小坂から直接登って来る人が一番多く、花沢からも多

緑濃い山

い。丸子から朝鮮岩や丸子富士を通って二時間強かかるコースも良い。用宗駅から花沢山を越して来る人もあり、小坂や花沢から日本坂を来るコースも良く、多彩な行程が取れる。

ここで軽食を取っているとホオジロの鳴き声が二方向から聞こえてくる。途中で出会って一緒に来た人とお互いにその声を翻訳した。チッチッリ、チッーリ、チィリリー。チン、チン、チッチリ、リ、チイ。

図鑑ではチョッピーチリーチョ、チーツク。ピッピッピーピリ、ピチリリ。

いろいろあって鳥の声を文字化するのは難しい。

双眼鏡で覗くと木のテッペンで鳴いている。二羽は離れているがそれぞれ一番高い木の、最も高い立枝の枝先に止まっている。この鳥は電線などでも鳴いているが高い所が好きな鳥だ。高い所が好きな鳥は他にもアカハラ、ビンズイ、サンショウクイなどがいる。鳥の世界も目立ちたがり屋がいるようだ。縄張りを主張し、雌を呼ぶには必要なのだ。

山頂から日本坂を目指して南に向かう。ほとんど見晴らしはないが稜線歩きなので快適で時折右手に焼津市が見えたり、左に静岡市や足下に小坂が現れたりする。ピークを四つほど越して一時間弱で日本坂峠に着く。

ここはコース標識や簡単な案内図などが立っているが、なんの変哲もない見晴らしの良くない峠である。西側は花沢から登ってくる登山道で、東からは小坂から道が通じている。ここは最も古い日本の幹線道路で日本武尊も通ったのでこの名が付き「やきつべの小道」と呼ばれている。昔の山越えの苦労が偲ばれる道である。

峠は十字路で、南に登路をとれば花沢山に至る。小山を越え茶畑に出ると、ここから急登になりロープも張ってある。振り返れば越してきた山稜線が左に高く重なり合ってそびえている。正面には満観峰が頭を覗かせて、丸子富士が三角峰を空に突き出し更に右に峰を連ねている。右からは花沢山の

満観峰

尾根が張り出し足下は谷が深く落ち込んでいる。見はるかす山はどこも深い緑一色に染まっている。ここからは山しか見えず、重畳たる山の重なりは山の大きさと深さを身をもって体感することができる。

分け入っても分け入っても
青い山（山頭火）

花沢山の山頂には二枚の大きな反射板があり、その先にベンチがあって焼津方面が切り開かれて僅かに見通しがある。この山は非常に急峻で深い森に覆われて見通しも悪いので登山者にはあまり人気がない。ただ人気の満観峰からこの山を通って用宗駅に抜けたり、長駆焼津アルプスから焼津駅に行ける。健脚の人はこの山と満観峰と高草山を結んで更に岡部に抜けたりする。

花沢山は海際に立ち、山が急で人手がほとんど入っていないので植生は面白いものがある。焼津アルプスコースや石脇、小浜などから登ってくる道などには高草山にはない植物がある。亜熱帯性や海洋性の樹木は特に違いが見られる。

帰りは日本坂から花沢に降りた。この下り道はジグザグの急坂で滑り易く苦労する。これでも奈良時代には日本の幹線道だった道である。

今年の梅雨はジメジメした本格的な長雨タイプのようで近頃では珍しい。梅雨はまだまだ続いているが、今年は本格的な暑い夏になると報じられている。

## 廻沢と裏車道コース

**梅雨の最中の七月は、その雨を得て植物は旺盛に繁茂する。山の北面にも夏の日は差し込んで、そこに多様な植物相を見ることができる。特にカラムシなどのイラクサ科の植物は大きな葉を広げて道脇を覆う。梅雨時に咲く花も多く、山中のネムはことに美しい。**

廻沢の里

七月初めに廻沢林道から、NTTが開設した高草山山頂の無線中継所に通じる道路を登った。NTT道路なのであるが裏車道コースとも呼称できる。

高草山の東側には満観峰などの山があって、北側にある廻沢から沢が入り込み狭い渓谷になっている。この渓谷沿いに廻沢林道があって国道一号から廻沢地区を通って花沢と結んでいる。このコースは眺望もあまりないので登山道としての人気は今ひとつであるが、頂上からの下山道として利用する人は多い。国道一号に出ればバスの便がすこぶる良く、静岡駅行き藤枝駅行きがすぐに来る。

今日は車で国一の廻沢口バス停の所から廻沢林道を行き、廻沢を通り抜け、登山口となる林道分岐に向かう。歩けば登山口まで三km五〇分。山頂まで更に五〇分である。

廻沢林道から高草山へ向かう分岐点は廻沢から入り込んだ道の登りが急になって、沢が二つに分かれる右の沢沿いになる。ここは高い杉林の中で日が差さない。「NTT無線中継所」の白い大きな看板がある。

ここに車を置いて廻沢林道を左に見送り、沢に沿った道路を歩き出す。この道は、最初は舗装してないが途中の半分ぐらいは舗装してある。道脇は夏草にビッシリと覆われている。谷間の道は日当たりが弱く、その分余計に光を得ようと植物は背を伸ばし、葉を大きくしているようである。梅雨期も後半に入り真夏を目前にしたこの時期には植物は生長を終え、最大限に養分を作る体制を整えた所である。

山は濃い緑に染まっている。ハグロトンボが飛んでいる。羽根全体が褐色のものと橙褐色で先端部に茶の横筋が入っている二種類があって、ハグロトンボとミヤマカワトンボで、沢筋にいるお馴染みのトンボである。イトトンボ類も水辺が好きな、胴が糸のように細い小さなトンボであるが、青色のトンボが葉に止まっている。青いイトトンボはこの辺でも種類は多く、採ってみないと種名は分からない。トンボの中では最大のオニヤンマが道を行ったり来たりしている。シオカラトンボ、ノシメトンボもいる。今はトンボの季節なのである。

オニヤンマ

ミヤマカワトンボ

ノシメトンボ

シオカラトンボ

　特徴ある丸い花のつぼみを沢山着けたタマアジサイの大きな株が道脇に何本もある。花期はもう少し先の八月になってからで、中に紫色の両性花を着け外側を白い装

タマアジサイ

飾花が囲み、華やかに咲く。アジサイは日本原産種で明治以降このタマアジサイやガクアジサイなどがヨーロッパに持ち込まれて、花の機能を失って装飾花ばかりで美しく改良されたものなど、当地で愛好されて日本にも凱旋した。国内でも盛んに改良が加えられ、現在各地にアジサイの名所ができて多くの人を集めて梅雨時の呼び物になっている。

ドクダミが群落を作って白い四枚の総苞片の中に黄色の花穂を立てて咲き揃っている。ドクダミは日陰を好みどこでも見られる、独特の匂いを持つ古くからの民間薬で、刈り取って陰干しにする。別名ジュウヤクは十の薬効があるとし、ドクダミとは「毒矯め」「毒痛め」などの意味からという。

ドクダミ

ケキツネノボタンが五弁の黄色の花を咲かせている。花と同時に実も着けていて沢山の突起を出して金平糖にそっくりなので覚え易い。花と実が同時に着いているのは花期が長いということで、花は長い間次々に咲いて気候不順等に対応する植物の知恵なのである。若葉の頃はミツバやセリに間違えられて摘み取られることもあるが本種は毒草なので大変だ。日本各地の田や道に生えるキツネノボタンも似ていて毒草であるがこちらは茎や葉に毛がない。

ケキツネノボタン

道の中央でカラスアゲハが吸水している。大きな黒い蝶であるが、背面は青紫色の金属光沢が光って美しい。四月中頃、黒いアゲハの仲間がようやく現れた時期にこの山で捕虫網を持った人に出会って

カラスアゲハ

「なにを捕っているのですか」と尋ねたところ「カラスアゲハ」との答えが返ってきて驚いたことがある。春のカラスアゲハは美しく、それを追っているようだった。この方は平地では見かけない蝶だ。この方は蝶に詳しく、その後この山で何回か出会って、その都度蝶の話で盛り上がった。

高草山にはミヤマカラスアゲハが生息していることが知られている。この蝶も金属光沢があり、カラスアゲハに似ているが、外側に黄色の線があり、内側に緑色の帯模様が入ってメタリックな光沢は更に美しい。奥山にいる蝶なのでこの山にいるのは不思議なのであるが、この山が大きな気候変動による寒暖の変化で奥山と隔絶して以来、独立した生態系で生きている。五月に山頂のツツジが咲いた時、春にカラスアゲハを追っていた方に行き合わせて、この蜜にきた蝶をちょうど採取出来て、見せて頂いた。この山のミヤマカラスは雄も雌も背側の模様が青色で、普通は緑色の縞がある（雌には青もある）ので明確に違う高草山固有の変種ということであった（隣の花沢山にもいる）。カラスもミヤマカラスも幼虫の食草はカラスザンショウである。鳥のカラスがこの実を好んで食べるので付いた名のようであるが、蝶のカラスの食草でもあったのは偶然にしては出来すぎている。カラスザンショウはどこにも沢山あって、この山頂にも多いので この蝶の餌には全

ミヤマカラスアゲハ

高草山のミヤマ

カラスザンショウ

く心配はない。後でヤブカラシの花に止まったこの山のミヤマの生態写真が撮れた。青い紋が美しい。

　道脇、法面、林間にシダ類が非常に多い。この道は初め沢沿いなので湿った場所が好きなシダが主に見られる。

　イノデが元気だ。猪の手のように茎に茶色の毛があるので分かり易い。ゼンマイもこの季節を謳歌するように沢山繁っている。春に綿毛にくるまった螺旋状の芽を出して山菜として人気がある。葉が開いた後で茶色の胞子葉が立つ。フモトシダ、ベニシダも多く、ミゾシダもある。

　ジュウモンジシダは一番下の羽片だけが長く伸びて更に羽状に分裂して葉が十文字型になるのが特徴で分かり易く、沢筋に大きな群落がある。シラガシダ（キヨスミヒメワラビ）は若い茎に白い毛が密生し、イノデのように同心円に広がって大きな株を作っている。クジャクシダは繊細で思わず触ってみたい美しさがある。これらは比較的珍しいシダである。シシガ

ゼンマイ

シラガシダ

ジュウモンジシダ

クジャクシダ

シラも普通のシダで羽状に全裂し、美しい。

　ヒメワラビは大きくなるが、綺麗で整った感じがある。イワヒメワラビは帰化植物で、毛があって柔らかな感じで日当たりの良い畑脇などで大きくなる。三角形になるのが特徴で覚え易い。イヌワラビは山野に多い普通種で葉柄や中軸が紅紫色になり易い。ハリガネワラビは陰湿な場所に生え、葉に毛があって柔らかい。他にはワラ

シシガシラ

ビ、クマワラビ、オオイタチシダ、マツザカシダなどがあった。シダの図鑑を買って、私も少しシダの

イワヒメワラビ

ヒメワラビ

見分けができるようになってきたことが嬉しい。
　道に薄黄色の小さな花がパラパ

ハリガネワラビ

イヌワラビ

ラと落ちている。アカメガシワの花だがあまり目立たない。この木は横に広がって大木にはならないが、それでも大きい木があって数mのものもある。パイオニア植物なので道脇に多い。新梢が赤いので分かり易く、秋は見事に黄葉する。

車道は南にほぼ直進していて峠状になって南が開けた所に出る。ここで鞍掛峠から登ってきた登山道と出会う。

アカメガシワ

ピッ、ピッキ、ピーピーとキビタキが前方の木の上で鳴いている。案外美しい声だ。夏鳥で、胸の黄色が目立ち飛べば背の白点が見える。

ツィー。ツピン。ピーッ、ピピピ。などと鳴き声が聞こえるが、それぞれゴジュウカラ、シジュウカラ、ヒガラであろうか。特許許可局と鳴いているホトトギスの声も遠くに聞こえる。ミソサザイが道脇の排水溝に沿って餌を探しながらパッパッと忙しく立ち回っている。日本でキクイタダキに次いで二番目に小さく、体長十cmぐらいのくすんだ茶色の鳥で、林の中にいることが多く目立たないが、山ではよく出会う。

登山道は尾根を直進して行くが車道はここで大きく右に曲がる。車道を五分ほど歩けば茶畑に出る。ここも少し開けているので鳥が集まり易いようで、鳥の声がする。カラスとウグイスは明瞭で、カラ類の声もしている。知らない声もある。鳴き声で名前が分かる鳥はまだ少なく、私は経験不足である。ヒタキ科の鳥は多くスズメほどの

キビタキ

ミソサザイ

大きさで夏鳥の良い声の持ち主が多い。夏の山や高原の朝は多くのヒタキ類のコーラスが聞こえる。

ここで花茎を長く伸ばして背高なムラサキニガナを見つけた。赤

ムラサキニガナ

コモチマンネングサ

紫の小さな花を霞むように着けている。私は初めて見る花なので嬉しい。コモチマンネングサが星形の黄色い花盛りで、道端を飾っている。ネコノメソウもここにある。

ハエドクソウ

ネコノメソウ

先端付近の葉が黄色で、花も黄色なので特徴のある姿をしていてかわいい。ハエドクソウが道脇で咲いている。乾していぶせば殺虫効果があるという。オオバギボウシも花盛りを迎えている。花茎は五十cmを超し、白紫色の総状花序は見応えがあり、大きな葉も良いので観賞用に栽培される。梅雨時を代表する花といえるだろう。
木や草は図鑑で覚え、野山で出会って特徴を掴んだり、時には採

オオバギボウシ

ってきて図鑑と照合する。山で出会ったものを図鑑で確認できれば嬉しいし、図鑑で覚えた草木を初めてフィールドで見つければ興奮する。だから図鑑は何度も繰り返して見ることになり、手あかの付いた図鑑はそのうちに自分の宝物になる。しかし自分の五百~千種記載の図鑑に載っていないものは多い、普通種ではないと考えている。真正植物の種類は日本に五千三百種もあって、それをカバーする図鑑は図書館になる。

　この茶畑の所にゲートがあって、車はここまでだ。舗装道路は更に上って行くがここからは歩くことになる。

　すぐにアカタテハとヒオドシチョウに出会った。タテハチョウ科のお馴染みの赤い蝶である。

　道下にキンミズヒキが黄色の小花を房状に咲かせている。長く伸びて一mぐらいはある。よく見る花だが黄色が鮮やかで目立つ夏の花である。

アカタテハ

キンミズヒキ

　道脇にアキノタムラソウが薄い紫色に咲いている。花房の下の方から咲きだして秋の遅くまで咲く花期の長い花であるが、気の早いことだ。

アキノタムラソウ

　一本のマルミノヤマゴボウを見つけた。ピンクの花を着け花房を立てている。実が丸いのが特徴である。ヤマゴボウは最近は希少種だ。ヨウシュヤマゴボウが近頃幅を利かせ大きな姿を山や里で良く見るようになったが、これは果穂が勝手な方向を向く。秋に沢山の実を着けるが紫の汁が手や着物につく厄介ものである。ヤブミョウガは長い葉を何枚も重ねて、長い一本の茎を伸ばしその先に高く何層かの円錐花序を出し白い小花を咲かせている。林下などの日陰の植物で、秋には青い実をつけ、やがて黒くなる。

　尾根が伸びて車道が回り込んだ所は良い見晴らしがある。満観峰が正面にある。稜線が南に延びて四つの小さなピークを連ね、その

マルミノヤマゴボウ
（花に蟻）

マルミノヤマゴボウ

先の花沢山は大きな山体を据えている。北にも稜線を繋げて蔦の細道の方向に延びている。山は深く、緑はいよいよ濃く、草が繁って道も狭まっている。夏が目前だ。
　この道は車道で三mの幅があり周囲が開けて明るい。山の北側斜面につけられ、しかも植林と自然

ヤブミョウガ

ヨウシュヤマゴボウ

林が交互する高木の中の道なので普段は日当たりの悪い道であるが、夏は太陽がほぼ真上から射してこの道にも日が当たっている。道は山襞に沿ってクネクネと曲がっているが、どちら側かに木の日陰があって日射は避けられる。高草山の平野側の道の日差しは強く登山者は夏の登山を敬遠するが、北面の道はその心配がないので夏向きの道である。しかもこの道の植物は表側の道とは異なっていて、種類も多く、非常に面白い。
　その代表がイラクサ科の植物といえる。この道には多くの仲間が今を盛りと繁って道の両側を厚く縁取っている。一番多いのはカラムシである。葉は互生で大きく、ざらついて丸形で先が尖っている。人丈の高さになって道の両側を覆い尽くす勢いがある。特徴は葉裏が白いのでよく分かる。カラ（茎

の幹）を蒸して繊維を取ったのでこの名がある。アオカラムシ（別名クサマオウ）もある。カラムシ

アオカラムシ

カラムシ

にそっくりであるがこちらは葉裏が緑である。

ヤブマオウの仲間は葉が対生して、各段九十度に方向を変える。ヤブマオウは葉が鋸歯で上部の葉

ヤブマオウ

の脇から丁度淡緑色の花穂を着けて一斉に上に伸ばしている。ナガバヤブマオウも群生している。葉が大きく長いので特に元気が良く生育数も多い。メヤブマオウは葉

メヤブマオウ

ナガバヤブマオウ

が丸型で葉先が三つに裂け基部は広い。オニヤブマオウもある。葉が厚く、裏側は短毛でビロード状

ラセイタソウ

オニヤブマオウ

である。ラセイタソウも厚葉でしわのあるラシャ（ラセイタ）状である。

イラクサは茎に微毛があり、葉のとげも痛いので着いた名で科を代表する。

アカソは茎と葉が赤いのでよく目立つ。葉は対生し広卵形で先は深く三分裂し先端は尖って、豪快な感じがある。クサコアカソは茎が赤く、食用のアオジソに似ていて葉は小さく、先端がカメの尾のように伸びる。コアカソはこれとよく似ているが、木本で二ｍほどになり、崩壊地の山側に特に多い。

イラクサ

クサコアカソ

アカソ

アオミズは全体が緑で瑞々しいという名で、日本全土にある。

これらイラクサの仲間は夏草の代表的なもので、花期が早く、もう花を着けて一斉に白い花穂をなびかせているヤブマオウのようなものもあり、七月から九月にかけて花を着け、大きな葉が夏の道端を占拠して主役を張っている。

アオミズ

コアカソ

チダケサシが道端に薄いピンクの小花を沢山着けて咲いている。長い花茎にチダケというきのこを刺して持ち帰ったので付いた名である。
ハグロソウも咲いている。林下に生え五十cmぐらいまで伸びるが、葉が黒っぽいのでこの名が付いた。花弁は上下二枚で上の一枚が薄いピンクであるが二枚だけとは珍しく寂しい感じの花である。キツネノマゴという似た花があるが同じ科の草である。トウバナも同じ仲間で、目立たない花であるが普通

チダケサシ

キツネノマゴ

ハグロソウ

にある。小型で白い小さな花を着けたイヌトウバナも咲いている。

ススキの葉の中に、ナデシコが一個咲いていた。ピンクの五弁花で緑の葉の間に美しい。野生のものはヤマトナデシコ、カワラナデシコなどという。タケニグサも大きな姿を見せている。草の中では最大になって二mを超すものもある。葉は深裂し二十〜四十cmと大きい。円錐花序の大きな花茎を広げて、白い小花が満開で数本の立ち姿は見応えがある。茎と葉裏は粉白色。和名は「竹似草」と書いて茎が竹に似て中空とか「竹煮草」はこの草と竹を煮ると竹が柔らかくなるからといわれるがこちらは俗説で竹は柔らかにならないという。キジョカズラが大きな葉を広げて道端に這っている。春に食用として珍重されるウドが木のような大きな図体を広げている。

イヌトウバナ

トウバナ

タケニグサ

カワラナデシコ

キジョカズラ

「独活《うど》の大木」という、春は良かったが大きくなって「役に立たなくなってしまった」諺の由来になっている。

　林縁植物という呼び名がある。林の縁に生える植物で一定の性格を持っている。林の縁は日当たりが良くて土地に栄養もある。たまには人手が入ってある程度管理されている。例えば耕地は草も生えない密な人手の管理があり、草地は水分が少なかったり栄養が悪くて特定の草しか生えない。湿地は水分が多すぎる。林地は日当たりが悪い。林縁はこれらに比べて植物の生育には非常に条件が良い。だから林縁ではいろいろの植物が育ち、狭い地域で激烈な競争が行われる。光を奪い合って早く高く広く伸びる。地上一～二mの制空権争いは当然激しく、高茎の元気なものが繁茂する。ただし植物の生長が終わった秋などに、一年に一回ぐらい人手が入り綺麗に刈り払われるので、木は生長出来ず草同士が競争する。そして冬には裸地に近い状態になる。それゆえに林縁植物は一年毎に種子で世代交代する一年草、地上部が一年毎に更新する宿根草、秋に芽を出して小さな姿で冬を越して春から生長する二年草が対象になり、これらが生存競争をする。

ウド

　今日登ってきた道の両側は林縁地のような様子があった。ススキ、タケニグサ、ギシギシ、カモジグサなどの日当たりの好きな草、カラムシ、クサマオウなどの少しの日当たりでよいもの、シダやイヌホオズキなど日陰に近い所でも良いものなどが目に付き、多くの植物が見られる。車道が広く、明るくなっているので道端が林縁地のようになって植物の生育に良い条件になっている。しかも道は山腹をうねっているので、日当たりは良い所、悪い所があり、ほとんど日が差さない場所もある。湿った場所も乾いた所もある。従って植物も多様化する。高草山の表側の日当たりの良い登山道より明らかにこの道は植物の種類が多い。山の北側であまり日が差さないので寒冷地や高い山に生育する植物も生息できているのだと思う。夏の植物観察にはこの道は良い条件が備わっていて楽しい。

　頭上に何本かのネムノキの花が咲いている。平地ではもう咲き終

ネムノキ

わった頃であるがこの辺りではちょうど満開で、梅雨の季節の代表的な花である。木はあまり大きくならず数mのものが多い。葉は刺激すると閉じ、夜も眠るように閉じるので付いた名である。触ると動く葉は奇妙で面白く、触れて遊べる。ただし葉も古くなると反応はにぶくなる。花は糸状の花弁が沢山集まって噴水のように広がり、先端部がピンクで基部が白の逆裾濃《すそご》で、息を呑むほど美しい。奥の細道で芭蕉はその美しさを中国の三大美人の西施になぞらえている。

象潟《きさかた》や雨に西施《せいし》がねぶの花

雨に濡れたネムの花の美しさと象潟の美しさを対比させている。この花は平地でも目を引くが、山で出会うと緑の中で特に映える。

ホオノキは花も葉も日本最大級で、五月に白い花を咲かせていた。大きな葉をホオバ焼きに使うので知られていて、三十mの巨木になる。

ウバユリもこのコースに八月に花を開く。茎が垂直に立って花は水平に咲く特徴がある。下部の葉（歯）が欠けてなくなるのでこの名が付いたが、花もあまり冴えない。

ホオノキ

春に先端に花を一個着けて咲いたチゴユリが丸い実を着けている。ダイコンソウはあまり目立たないが黄色い花が道伝いに今沢山咲いている。

ミズタマソウも多い。花は小さく目立たないが、花後の実に白い毛が密生して水玉のように見え、吊り下がってかわいい。大きな群生があり繁殖力は旺盛のようだ。

ヌスビトハギが花穂を伸ばして、

ダイコンソウ

ウバユリ

小さな花をまばらに着けている。花後の実の形が半月形なので忍び足の盗人の足型にちなむ名で、こ

ヌスビトハギ

ミズタマソウ

こに群生がある。外来種のアレチヌスビトハギは最近増えている。花は前者に比べて大きく赤が濃く

アキカラマツ

アレチヌスビトハギ

マツカゼソウ

複葉

目立つ。

　ススキなど雑草の中にアキカラマツが花穂を広げている。淡黄白色の小花を多数つけ、優しい風情がある。


　マツカゼソウもある。三回羽状複葉でやたら葉が多いように感じるが、整枝された松のように整って美しく優しく、風に揺れる典雅な風情があって名づけられた。小さな白い花も趣がある。

　タカトウダイを見つけた。春に見たトウダイグサにそっくりであるが背は五十cm近い高さがあり、黄緑色の小花をつけている。ナツトウダイもあったが、これは五月に花をつけていた。

　この道筋で九月から十一月になって咲く花がある。普通では静岡県では中部山岳の千～二千mの奥山にあり、このような低山にあるのは不思議な珍しい花たちで、高草山の貴重な植物である。

タカトウダイ

ナツトウダイ

　サラシナショウマの花は総花序で、柄があるのでブラシのように

サラシナショウマ

アキノキリンソウ

ヒヨドリバナ

イヌショウマ

ナギナタコウジュ

セキヤノアキチョウジ

シモバシラ

なり、白い大きな花が目立って美しい。ここでは数カ所で見ることが出来る。イヌショウマも長く伸びて白い花を着ける。ヒヨドリバナ、アキノキリンソウ、セキヤノアキチョウジ、ナギナタコウジュ、シモバシラなどは八～十月にやはりこの道筋に咲く。夏に賑わうこの道は秋になっても特徴ある珍しい植物が次々に咲いてくれる楽しい場所で、植物観察には最高の素晴らしい道である。ただしこれらの植物は数が少なく、生育場所も限られ、開花時期も異なるので発見するのは難しく、見つけられれば幸運といえるだろう。

　ヤマトリカブトもある。この山では遅い秋の十一月に美しい紫の花を咲かせる。全草に猛毒のアルカロイドがある。高山植物なので

ヤマトリカブト

こんな低い山にあるのは珍しく高草山の多様性を物語る植物である。山頂付近にも見られるし、他にも三場所で見つけている。この美しい花はこの山でまだひっそりと命を繋いでいる。大事にしたい花で採ってはいけない。花は山にあれば毎年咲いて大勢の人を楽しませてくれるが、不心得者が家へ持ち帰ってもやがて絶やしてしまうことになる。「やはり野に置け、蓮華草」という言葉を山に入る人は肝に命じて欲しい。もっともトリカブトはこの山では貴重種であるが、南アルプス南嶺の青薙山を登った時、青く咲いたこのお花畑の中を二十分間も歩いたこともあり、高い山には沢山あって珍しい植物ではない。

　道は山ひだに沿って曲がっているが時折見晴らしのある場所に出る。頂上に後十分ぐらいの場所は大山などの静岡市の奥山が正面に見える。晴れていれば安倍奥の山も見え、この道で唯一遠目が利く場所である。知らぬ間に随分と高くに登って来たことが分かる。車道を上って来ると傾斜が緩やかなので疲れが来ないし、花を見て鳥の声を聞いて写真を撮ったりしていると時間が経つのが早い。車道では空間が広く、足元は安全で自由に動き回れて、動物にも植物にも遭遇する機会が多くなる。登山者は車道を敬遠する傾向があるが車道を辿る良さもある。今日は車道を辿って来たが植物の種類は多く、夏向きの道で気分も良かった。頂上はあと少しである。

ネジバナ

　道脇にネジバナを見つけた。変わった花で、草丈は五十㎝ほどで長い花茎に一列に並んでピンクの花を着けているが螺旋状に咲く。こんな奇妙な形は他にない。ミヤマタニワタシも赤紫の蝶形花を咲かせている。草萩で茎が節毎にジグザグに曲がっていて葉の先端が尖っている。一房の花数が数個である。ナンテンハギは似て紛らわしいが花数は多く、茎は曲がらないし葉もナンテンに似ている。オオバジャノヒゲが林下に白花を清楚に咲かせている。草丈は二五㎝になり、立っている。ジャノヒゲは普通種で葉が細く、高さは一五㎝で花も葉も下を向く。秋には紫の美しい実を着ける。ヒメヤブランは背丈が十㎝と小型でかわいい花を上向きに着ける。山頂付近に見られる。ヤブランは三十㎝と最も大きく、八月に紫色の花を着けるが、これらはみな近縁種だ。頂上に至る最後のコンクリート壁にイワガラミが這って咲いている。アジサイの仲間であるが硬い木性のツルで、装飾花の花弁が四枚ではなく一枚しかない変わった姿なので分かり易い。岩や木に這い登るのでこの名がある。クロモジの木を見つけた。早春に黄色い花を着ける。木はいい香りがあるので高級楊枝にする。

　頂上に登山者は二人いた。登山には暑すぎる季節になったし、梅

ナンテンハギ

ミヤマタニワタシ

オオバジャノヒゲの実

オオバジャノヒゲ

ヤブラン

イワガラミ

雨の合間の不安定な天気の中では登って来る人は少なくなる。

　私が今日車道を上って来る時に中年男性に追いつかれた。話をしていくと私よりはるかに詳しくこの山を知っていて草花の知識も豊富だ。写真を撮り図鑑で調べて、主に独学で取得した知識のようだ。私たちはすっかり意気投合しておしゃべりをしながら頂上に着いた。軽い昼食を取りながら話は途切れることがなかった。山ではいろいろの人に出会う。山にいろいろな目的を持ち、いろいろの楽しみを求めて登って来る。楽しい人も、魅力的な人も、感心する人も多い。この山で私はそうした人たちと多くの出会いをし、印象に残っている人も多い。山をどのように楽しむかは人それぞれだが、山を楽しむという共通項を持った人たちとの出会いは楽しい。今日出会った方は焼津の人で、この山とこの山の植物に精通している。私たちは再会を約して分かれたが二人の関係は長く続くことになった。その後氏の写し貯めた植物写真を提供して頂いてこの本に沢山引用させて頂いた。その写真は美しく、良い写真を載せることができて私は大変嬉しく感謝している。

　今年の梅雨は、雨量は多くないが日照が少なく、グズついた曇天が続いている。梅雨前線は北の冷たい気団と南の暑い夏の気団が日本の上空でぶつかって前線を作って居座り、四十日もの長い雨期になる。梅雨も後半になると太平洋高気圧が強くなって前線は北に押し上げられて列島から外れ、日本の梅雨が明ける。それから「梅雨明け十日」といわれる安定した晴天が続くので、この時期を待っていて登山者は競って高山に向かい、登山シーズンが始まる。

　七月の最後の週に廻沢林道を歩いて裏車道をまた登った。今年の梅雨は平年を一週間遅れて、しかも前線が南に抜けて明けたので寒気が残ってまだ天気がぐずついている。国道一号の廻沢バス停から歩き出す。山間の舗装道路を沢伝いに南に向かう。廻沢には約十分で着く。狭い場所に三十戸ほどの住宅が並んでいる。

ニリンソウ（4月）

今日は晴れて日が眩しく、昨夜の雨で出来た水溜りでカラスアゲハが吸水している。夏が来た廻沢の里は濃い緑に埋もれて自然が溢れている。集落を過ぎた河原になんと十頭ものモンキアゲハが集まって吸水している。中に一頭のカラスアゲハが混じっている。蝶は暑いときには大量の水を飲んで尻から出して体を冷やす習性があるが、大型の蝶がこれだけ集まっているのは珍しく壮観な眺めである。ミネラルなど特殊な養分のある場所に集まることもあるらしい。

道の山側に、春にニリンソウの咲いていた場所がある。一輪咲いて後で二輪目が咲くことが多いので、最初はイチリンソウかと思ったが、葉に茎がない。北国では雪解けの林床を飾る可憐な花である。ここでは貴重で大事にしたい花である。

所々にヤマユリが咲いている。梅雨の終わり頃に咲き出して、山を飾り夏を豪華にする花である。花は二十㎝と大きく、花弁に黄色の筋が入り赤い斑点が鮮やかである。ユリ科の植物は花弁が六枚あるが内側の三枚と外の三枚の形が違い、内側の三枚がほんとの花で、外の三枚はガクが変形したものである。従ってガクはなく子房が花の中にある。雄しべが六個で雌しべは一個という特徴がある。ユリ科の植物は多く、観賞用にはユリ、ギボウシ、ホトトギス、チューリップ、ヒヤシンスなど。薬用にアロエ、オモトなど。食用にたまねぎ、ねぎ、ラッキョウ、ニンニク、アスパラガスなどがある。ヤマユリなど山のユリは美しくて人に取られ易く、以前はどこにでもあったササユリやオニユリが最近ではほとんど見かけない植物になって、絶滅危惧種になってしまった。ササユリはこの山では見つけてないが、八月に数個の花を着けたコオニユリを林叟院Bコースで見つけた。オニユリとコオニユリの違いは葉脇のムカゴの有無で、なけれ

ヤマユリ

ばコオニユリである。
　車道に茶色のヤマウサギが飛び出してきて、人影に驚いて慌てて茂みに跳び帰った。
　車道を辿って行くと沢が細くなって杉林が深くなってくる。登山口となる分岐の所にはＮＴＴの白い看板が立っている。ここまでゆっくり来たので一時間かかった。ここにはコジュケイの一家がいてよく出会うが今日は見えないので残念。車道を左に取って、鞍掛峠に向かう途中の畑脇にはヌマダイコンの群落がある。どうしてここだけにあるのか不思議である。
　車道を右にＮＴＴ道路を登って行くと半月前の梅雨の頃とほとんど変化はない。ヤマユリはこの道では多く見られるが、もう中腹まで咲いている。山頂付近が開花するのは八月になってからである。

コオニユリ

　ヒキオコシはシソ科の植物で、十月に淡青紫色の小さな唇形花を沢山着ける。九月に山梨県の三ツ峠山に登ったとき、登山道の両脇がこの青い花に覆われてずっと続いていて感動したことがあった。名は茎と葉の苦味に起死回生の薬効があるとされ、別名はエンメイソウである。

コジュケイ

蝶の飛来はかなり多い。蝉は例年梅雨明けと同時期に鳴き始め、もう少し鳴き始めている。蝉も心得ているようで、炎暑の夏になって鳴くらしい。もうすぐその遅れている夏が来る。

（実際にはこの年は、記録的な冷夏でほとんど夏がなく終わった）

ヌマダイコン

ヒキオコシ（10月）

## 八月の三輪コース

**八月は太平洋高気圧に覆われて風はやみ、連日カーッと日の照りつける炎暑になり時折夕立がやってくる。草や木は茂りに茂って地表を覆う。蝶や蝉やトンボなどの昆虫は華やかに舞い賑やかに歌い、夏を謳歌する。**

八月の低山は暑いし、まして日の当たる山道は敬遠される。この時期高い山は涼しくて美しい高山植物が咲き乱れるので山の好きな人は競って高山に向かい、低山に登る人は少なくなる。

八月中旬に三輪コースを登った。三輪の集会所に車を置き、信号機の所から歩きだす。

二月にここを通った時は寒風が吹き抜けていたが、今は夏の暑さの最中で住宅地は無風の炎暑の中にあって、道には夏陽炎が立っている。蝉時雨が降るようだ。キョウチクトウ、サルスベリ、ムクゲ、フヨウ、ノウゼンカツラなどの真夏の花が咲いている。夏の庭を飾るこれらの花はいずれも赤系統で大きく、華やかな園芸種である。朝顔、ヒマワリ、キキョウも見られ、エンジェルストランペットもある。熱く焼けた舗装道路を辿って住宅地を抜けて緑の中へ踏み込んで行く。沢沿いの道は、少しは涼しさが感じられる。

道が右に折れ、橋を渡った所に地蔵堂がある。後ろの丘はモミジの木が二十本ぐらいの純林になっている。小さな七裂の葉があるのでイロハカエデだ。そこで働いていたお年寄りは「私のお爺さんが植えたと聞いている。昔の人は、農作業をしながら山を楽しむ余裕があったようだ」と言う。「私でこの畑も終わりで息子は後を継がない」と寂しそうであった。秋にはここの木は美しく紅葉する。そして落葉した冬の明るい木立もいい。

車道を上がってすぐに大きな堰堤の下に出る。ここが登山口で、堤を越すと狭い茶園の平坦地に出る。冬には「暖かで、鳥が鳴いて楽園のようだ」としたこの場所も今は風がなくて暑く、雑草が伸びて草息れがひどく、長居が出来な

メヒシバ

い場所になっている。メヒシバが優勢で、夏の道に普通なオヒシバ、スズメノヒエ、アキノエノコログサなどの雑草も見られる。石垣の下にヤブランが薄紫に花穂を立てている。オオバジャノヒゲの近縁種だが、葉も花も大きい。この先で、四月にヤマキケマンが咲いた。葉が綺麗で鮮やかな黄色い花が美しい。

スズメノヒエ

オヒシバ

ヤマキケマン（4月）

アキノエノコログサ

　道が沢を渡って杉林になり、石の多い山道を登って行くと「時岩」に出る。二月にはここを左に折れたが今日は直進する。五分で車道に出て、また杉の林を通ってゆく。この登山道は日陰で、草が生えず岩がむき出しになっていて、風通しが良くちょっと湿って涼しくて夏は気持ちが良い。実はこういう所はマムシの危険がある。マムシは変温動物で自分の体温を調節できないので夏は体温が上がり過ぎないように体を冷やす必要があり、涼しい所で涼む。だから登山道にマムシがいても不思議はない。少し明るい疎林で餌になる動物がいて、地表物が少なくて自由に動けるような場所があればヘビ

Aug

には居心地が良い場所である。暗い林には餌がないし、草や竹や藪が繁ったような場所ではヘビは自由に動けない。こうした場所でヘビに会うことはほとんどない。ヘビの習性を知って警戒をすれば良い。マムシは自分が一番強いと思っている。大抵の動物は人を見れば逃げて行くがマムシは逃げないので始末が悪い。一mぐらいに近づけば鎌首をもたげて脅す。更に近づけば飛び掛かってくる。脅しても簡単には逃げず、棒などで脅せばしぶしぶ動き出す。ヘビに気が付かずうっかり近づいたり踏みつけたりしたら大変だ。咬まれればひどい腫れや痛みに襲われるが、血清もあって現在死亡者はほとんど出ない。本州にいる毒蛇はマムシとヤマカガシである。ヤマカガシは黒いヘビで腹が赤い。こちらも気が強くて人を襲うが、随分と数が減って最近では出会うことが少なくなったように思う。毒性はマムシより強いが液量が少ないので咬まれてもそれほどひどくはならないようである。マムシより怖いハブは沖縄などの南の島にいて年間百人ほど咬まれる。ヘビ毒は血液や組織など蛋白質を溶かして人体のダメージは大きく、手や足が曲がってしまうケースがあるが、最近は血清も出来て死に至る例はほとんどないようである。熊の被害は昨年二四件報告されている。

野外で最も危険なのはスズメバチなどの蜂によるもので年間の死者は四〇人も出ている。蜂に刺されると抗体が出来て、二度目以降にアレルギーショックで亡くなるという。登山事故は昨年一三四八件発生し死者は二一八名であった。山での事故は交通事故などに比べればはるかに少なく、まして低山の事故は起こるのが不思議なくらいであるが注意するに越したことはない。

私は夏の低山歩きにも杖は欠かせないと思っている。繁った草やイバラを避け、露やクモの巣を払う必要があり、ヘビ除けにする。私の杖は肩丈ほどの長さの丈夫な真竹で先端に手首を通す紐を着けてある。登りには短く持ち、下りには長杖にする。石突きがないので滑らないいし、自然にも優しい。私は杖を三本目の足として使い、特に下山時に威力を発揮する。急ぐとき、元気なとき、冒険的なとき杖を両手で前に持ち、バランスを取って、左右に素早く持ち替えながら突く態勢を作る。足はしっかりと踏み出して、杖はリズム取り、バランス合わせに軽く突く。石は安定して滑らないので石を踏み台にし、時には道を石から石へと伝い歩くことになる。杖はほとんど働かせず、水車のように左右へ振り分けてバランスが崩れた時の用心をする。私は、上りは弱いが下りは若者のようだろう。重い荷物のテント泊で槍ケ岳から前穂高までを一人で縦走したとき、穂高の岩場もこの杖を頼りに越した。この時出会って「岩場で杖を使うのは危険ですよ」と言った人と「あなたの杖使いは魔法のようだ」と言った人がいた。

杉林を五分ほどで抜けて車道へ出ると左手が茶畑で開けていて展望がある。高草山の北寄りの西面した斜面は農耕地が多く、茶が主体であるがみかん畑もある。登山道はすぐにまた木生えに入り、みかん畑の横を通る。

ここでキツネノカミソリに出会った。これから上の道では何カ所かでこの花が咲いている。この山ではこの道以外では見つからないようだ。夏に咲くオレンジ色の珍しい花でよく目立つ。この花はヒガンバナ科で、ヒガンバナに似たところがあって春に葉を出すがまもなく枯れて地上から姿を消す。そして八月に突然花茎を四十cmぐらいに伸ばして六枚花弁の花を咲かせ、種を付ける。ヒガンバナは三倍体なので種は出来ないが、こちらは種でも増殖するので生息域が飛び地になっても不思議はない。

キツネノカミソリ

更に登るとオオキツネノカミソリがある。これは静岡県下ではここ以外にもう一カ所しか報告例がない貴重種である。外観は同じであるがこちらはやや大柄で、花被片の長さは八cmぐらいで、雌しべが特に大きくて花弁の外にはみ出しているので区別できる。オオキツネノカミソリは昨年数個の花が咲いていたが、今年はちょうどその場所が草刈りされて一本しか咲

オオキツネノカミソリ

いていなかった。貴重種といえども何らかの保護を加えるのは難しい。

登山道が急斜面の荒れた茶園の中を通っていく。茶は放棄されてから長いので全面篠竹に覆われてわずかに残っているに過ぎない。そしてその竹は更につる植物に覆われてしまっている。つる植物はコボタンヅルとカラスウリで一部にクズやヤブガラシも見える。コボタンヅルに花びらはないが、白い四枚のがく片が十字形に平開し、長い白いオシベを沢山広げて二cmぐらいの美しい花を群れ着ける。背丈以上の竹邑《たけむら》を覆い尽くして花の波のように咲いて見事な花園になっている。真夏の山を歩いていて見事な純白の花の塊を見ることがあり、ビッシリと花を着けた様子は実に見応えがあって印象に残るが、それがコボタンヅルである。

コボタンヅル

ボタンヅル

同じ仲間にボタンヅルとセンニンソウがあってどの花も似ていて、盛大に咲く様子も同じようなので

センニンソウ

紛らわしいが、ボタンヅルが一回三出複葉、コボタンヅルは二回三出複葉、センニンソウは奇数羽状複葉なので分かり易い。コボタンヅルは葉に鋸歯があり、センニンソウにはない。この山ではコボタンヅルが多く、センニンソウもよく見るが、ボタンヅルは稀だ。センニンソウは少し花期が遅く、九月に咲く。

カラスウリは白い奇妙な花を着ける。花茎を長く伸ばして花冠は五裂して縁は裂けてレース状に絡み合う。花の大きさは数cmもあって大きく、奇妙で美しいこの花は夜咲いて朝はしぼんでしまう。早朝には咲き終わって花は花毛を取り込んで丸く縮まる。だからこの

カラスウリ

花を知る人は少なく、登山者にも姿を見せてくれない。「誰《た》そ彼時《かれどき》」「彼《か》は誰時《かれどき》」に行けば葉の間に咲く花は花柄が数cmもあって葉の上に立って咲くので見事な白い花園を見られる。私が「朝まだき」に山に入って写真を撮ろうとしていたら、蛾が飛んできて甘い香りを放散している花の蜜を吸った。蛾の種類は日本には四千八百種類もあって、夜行性のものが多いので花の媒介者には事欠かない。暗い時を選んで咲く花とは変わり者だが、その狙いは確かで、カラスウリはあらゆる場所で旺盛に繁殖する。カラスウリの葉は手のひらの大きさでこれが波のように重なって竹原を覆っている。コボタンヅルとカラスウリがこの場所を占拠してしまっていて、昼と夜それぞれに白い花園を作る景色は壮観であり奇観である。

この夜明けの撮影でオオマツヨイグサが咲いていた。以前は多かったがもう珍しい種類になってい

オオマツヨイグサ

コマツヨイグサ

Aug

る。大きな黄色い花は朝の新鮮な空気の中でひときわ存在感があった。待宵草とは夕方花が開くので付いた名で、これも夜だけ咲いて朝には萎む。竹下夢路の歌では「宵待ち草」になる。月見草は似ていて紛らわしいが別の種類で花は白い。これらの夜咲く花は良い匂いを出す。暗闇で虫を誘うためには必要なのであろう。コマツヨイグサはよく見る小さな黄色の月見草であるが、地を這う雑草といってよいだろう。

　草本のつる植物は生長が早い。春に芽を出して、夏には木を覆ってしまうほど伸びる。木は自身が立つために幹や枝をしっかりと丈夫に作り、そのためのエネルギーと時間を費やす。つる植物はこれに寄りかかって生きるのでエネルギーを生長だけに使うことができる。蔓《つる》をどんどん伸ばして驚くほど繁茂し、他を覆いつくすマント植物と呼ばれる状態を作ったりする。余談ながら自然界で生長の早いものに竹がある。竹は春先の地下で筍が盛んに細胞分裂をする。地上に顔を出すと細胞は早く長く伸びて長繊維になる。この時細胞分裂しないで、単にビューンと伸びるだけなので竹の伸びるスピードは驚く程早く、一日に一二〇cm伸びた記録がある。食用に最適の旬の筍は地上に顔を出して二日ぐらいで、それを逃すと竹になってしまうので、農家は時期には毎日竹薮を隈なく見回ることになる。

　ここの荒れ畑は竹が茶を塞ぎ、更にその上を蔓植物が覆って白い花をいっぱいに咲かせている。花は美しいが荒れたこの場所は、植物が繁殖力を誇示し、自然の猛威を見せている。その様子はまさに夏の山を表象する一大絵巻である。

ヘクソカズラ

ヘクソカズラも蔓を這わせ、花が咲いている。平安時代はクソカズラと呼ばれていたものが、ご丁寧にも江戸時代に糞に屁を加えられた。この方が茶目っ気があるか。少し匂いが悪いために付いた名であるが花はかわいい。ヤイトバナという別名は、赤く火が着いた様子でうなずける。

　コボタンヅルなどの花に蝶や蜂や甲虫が寄って来ている。蝶はモンシロ、キチョウ、ジャコウ、アオスジなどで、特にアオスジアゲハは活発に飛んでくる。更にアカタテハ、コミスジ、コジャノメもいる。ダイミョウセセリ、チャマダラセセリも見つけた。キマダラヒカゲはヒカゲチョウの仲間であるが、この蝶は日陰も日向もお構いなく元気に飛んでくる黄茶色で中型の夏の蝶だ。夏の山は沢山の蝶が飛び交って華やかな賑わいを見せる。

　足元にはツユクサが可憐に咲いている。花は一㎝で小さいが青い二枚の花弁をミッキーマウスの耳のように立てて雑草の中でよく目立つ。これでも夏を代表する印象的な花なので「庭の千草」などの唱歌で親しまれている。

　荒地の中の一本道を抜けると三度目の車道に出る。右に少しで

コミスジ

コジャノメ

ダイミョウセセリ

キマダラヒカゲ

ツユクサ

山頂を望む

「潮見平」に出る。関方から登って来る登山道と合流する所で海が見える明るい場所だ。上空高く通っている電線にホオジロが止まってチンチンチビィチィーと気持ち良く鳴いている。五月にサメビタキが鳴いていた所だ。ウグイスの声もする。この時期ウグイスは高山に移って低山で声は聞かれなくなるが、この山には残っていて夏にウグイスの声が聞かれるのは嬉しい。

サシバ

サシバ

　上空に二羽のサシバが飛んでいる。下から見ると白っぽく羽根と尾に横縞があり、尾の先端が丸く、トビより小さいやや小型のタカだ。ワシ、タカ類は猛禽類といって生きた動物を餌にしている。うさぎ、ねずみ、鳥、へび、かえる、魚などを獲る。その姿はいずれも精悍で美しい。高空から地上に動く小動物を見つける視力は人の百倍もあり、地上に出てこないモグラも僅かな土の動きによって獲ることができるという。大きく丸い目は金色の瞳を持って鋭く美しい。その爪の鋭さも尋常ではない。滑空して地上や水中の獲物を捕らえたら離さない、鋭く曲がったワシ爪である。飛ぶ姿は羽根を開いたままの滞空飛翔や上昇気流に乗って緩やかに旋廻飛行している。スズメやカラスがパタパタと羽ばたいて直線的に飛ぶのに対して羽ばたきはほとんどしない。大型の鳥が大空を悠然と飛ぶ姿はほれぼれする見事さだ。しかし小鳥や小動物にとってはこれほど恐ろしいものはないようで、一生の間上空を警戒して過ごさなくてはならないようである。ワシ、タカ類は食物連鎖の最上位にあって、空の王者なのである。この辺りは急傾斜で自然の混交林になっていて森も深い。餌場として必要な農耕地も近くにあるのでワシ、タカ類のためには良い棲息環境があるようだ。サシバは夏鳥なので十月に東南アジアに渡る。中部地方以東にいた鳥は全部伊良湖岬に集結して大群になって、四国、九州、沖縄と昼間に飛んで行く。伊良湖岬の秋の風物詩であるという。

　鷹一つ見つけてうれし伊良古崎　　芭蕉

　道上にヤマユリが大きな花を咲かせている。ヤマユリは真夏の山の代表的な花で、今は山頂付近の開花がある。

　二頭のアオスジアゲハが戯れていたところに、もう一頭のオスが加わって激しいバトルになって上へ下への大騒ぎになった。スジグロシロチョウは里では見られない山地性の蝶で、モンシロチョウにそっくりだが黒い筋があるので飛んでいても区別がつく。

アオスジアゲハ

スジグロシロチョウ

　クサギがもう咲き始めている。下の沢筋では花盛りであったが、ここはこれからである。夏の山の代表的な花といって良い。薄いピンク色のガクに白い三cmぐらいの花を沢山着ける。枝を折ったり葉を揉むと強烈な嫌な匂いを放つ。

クサギ

Aug

臭木《くさぎ》という名の通りである。木は数mと大きくならないが山には普通にある。花は良い匂いを出す。そしてこの匂いにアゲハチョウの仲間が集まってくる。夏のアゲハは巨大化しているのでクサギの花の頃は壮観である。蝶は飛んで来て蜜を吸っては移ってゆくが、木には常に何頭かの蝶が集まっている。一番目立つのはモンキアゲハである。真っ黒で巨大で後翅に大きな二つの白紋があるので分かりやすい。クロアゲハも大きい。殆ど全身黒色である。カラスアゲハも来る。ジャコウアゲハも時にはこれらに混じっている。基本的にはこれも黒い蝶だが前翅は白茶けて、後翅が長く黄斑がある。この蝶は尾から麝香《じゃこう》という有名な香料に似た匂いを出す。数は少ないがオナガアゲハも時には飛んでくる。前後翅が狭い細身の黒い蝶だ。

夏の山では目立って咲く花木が少ないので、山のあちこちでいま盛んに蝶を集めているクサギは花の目論みである受粉のためには最も成功した木といえる。クサギに集まるアゲハを見ていると美しさと賑わいがあって飽きないし、ここでは夏が盛りの象徴的な光景が

モンキアゲハ

オナガアゲハ

ジャコウアゲハ

ヌルデの花

展開している。

ヌルデも黄白色に賑やかに咲いている。葉に翼があるのが特徴で、花もビッシリ、実もビッシリと着け、秋に良い鳥の餌になる。ヤマビワの実が赤く色づいている。これが紫色になれば食べられる。イチジクの味がして、子供の頃は山でよく食べたので今も懐かしい。

潮見平を少し登った所は茶園が開けて北側の展望がある。茶畑は七月の二番茶を終わって九月の三番茶に向けて生育を開始する所で、今は古葉ばかりの暗緑色の畑が連なっている。九月になれば今年三度目の明るい萌黄の茶芽が生え揃う茶畑に変わる。

次に、密な篠竹の林に入ってゆく。茶畑が荒れてできた場所だ。急斜面の中をジグザグに道が拓かれている。更に杉の林の中を直登して行くが、林はコナラやサクラも混じる明るい道で、まもなく右手にまた荒れた茶園が広がる。その先は四度目の車道が横切っている。この辺りは傾斜が緩やかになって広い茶園になっている。駐車も出来て志太平野が一望できる眺めのよい場所があって大抵登山者やドライバーが一服しているが、今日は炎天下に誰もいない。

春にはこの場所でもヒバリが鳴く。畑の隅にノカンゾウが橙色の花を数個咲かせている。花茎を七〇cmも長く伸ばして風に揺れている姿は優雅でよく目立つ。寒い所で咲くニッコウキスゲにそっくりであるがそちらは黄色の花を着ける。いずれも一日花なので翌日

ヤマビワ

ノカンゾウ

ヤブカンゾウ

は別の花を咲かせる。七月にヤブカンゾウが似た姿で咲いていたがこちらは八重咲きで花も花丈も少し大きい。

茶園を詰めると稜線に出る。富士山が見える「富士見峠」である。右手の稜線伝いに山頂に向かう。山頂までは杉や桜や欅などの高木の林で眺望は得られないが、低い潅木があったりして、道は明るくなったり暗くなったりする。

いろいろの蝉の声がする。里では今、蝉の声が騒々しい。大抵どの地区にも「蝉の木」と呼ばれるような木があって、蝉が沢山集まって、時には木肌が隠れるくらいに蝉が並んで鳴いている。蝉の大合唱は最も夏らしく、八月の暑さをより増幅する。山では山域は大きく木も多いので蝉が集中する光景はあまり見ないが、その代わりどこにも蝉はいてあちこちで鳴いている。蝉の鳴き声は大きいので一匹でも騒がしい。桜、センダン、ネム、欅などで鳴いている。アブラゼミは杉にもよく止まっている。

アブラゼミは茶色の羽根を持ち、ジリジリジリと暑苦しく鳴くお馴染みの蝉である。同じように茶色の羽根のニイニイゼミがいる。この辺りでは梅雨の終わり頃に最初にジィーと鳴き始める地味な蝉だ。蝉は透明な羽根を持っていて、色のある蝉は世界的に見れば珍しいらしい。

クマゼミはシャンシャンシャンと最も鳴き声が大きく、蝉を代表し夏を代表する種類で、最も多く目に耳にする普通種であるが東京など関東以北にはいない。黒いずんぐりした胴に透明で緑に縁取られた羽根を持つ精悍な感じの蝉だ。

ミンミンゼミはクマゼミに似た姿をしているが、胴は短く緑の模様が入って姿が美しい。ミーンミーンと鳴く声も爽やかである。山でも里でもやや数が少ないのでこの声が聞こえると嬉しくなる。木の高い所で鳴くのでこのセミを捕らえるのは難しい。

ミンミンゼミ　クマゼミ　アブラゼミ

ヒグラシはもう少し胴長である。この蝉は前四種より少し遅れて来る。カナカナカナと軽やかに鳴き、胴体も軽い。夏の暑苦しさを蝉の声が演出しているような中で、ヒグラシの声は秋の気配を感じさせる。他の蝉が八月の下旬には声が小さくなり九月には聞かれなくなるが、ヒグラシは鳴いている。

最も遅れて来るのがツクツクホウシである。八月のお盆頃から鳴き出して九月中頃まで鳴く。やや小型で可愛らしい姿をしている。立秋が過ぎて夏の終わり頃ツクツクオーシと鳴く声がすれば、誰も

が「秋が来たのだ」と夏の饗宴が終わった一抹の寂しさを覚える。私自身は長い間「柿が熟した、ツクツクツク、美味しいヨー、オーイシ、オーイシ」と鳴いていると聞いて来た。子供の頃よく食べた甘柿が熟す食べ頃と重なっていたからだろう。声の印象が強烈なだけに蝉に人はそれぞれの思いがある。

それぞれの蝉の季節が終わると鳴かない蝉が残っている。雌はまだ卵を残す仕事があって雄より長く生き残る。蝉は雄だけが鳴いて雌は鳴かない。いずれの種類も雄には胸に大きな鳴器があって、中は空洞になっていて音を響かせるので大きな声が出る。蝉は数年という長い間幼虫の形で土の中にいてから蛹になる。わずか二週間ぐらい地上に出て子孫を残して一生を終わる。長い暗黒の暮らしの後の光の期間をあらん限りの力で蝉は歌うのだ。

暮れてなお命のかぎり蝉しぐれ

（中曽根康弘）

アメリカには十三年蝉や十七年蝉がいてその間の年はこの蝉は見られず、十三年、十七年毎に一斉に地上に現れる。その年は車が動けなくなるほどの数の蝉が現れ、窓が震えるほどの声で鳴くという。十三と十七は比較的大きな素数で、蝉が地下で我慢できる限界年数なのだろう。この最小公倍数は二二一なので、この二つの蝉は二二一年に一度しか出現が重ならない。そのように神が選んだ年数という説がある。

日本には三二種類の蝉がいる。静岡県にはここに載せた数種類しかいないし、みな大きな声で鳴くので覚え易い。蝉はそれぞれの種類の生息域が狭いので、日本の地

Aug

方によって違う種類が鳴いている。気候に非常に敏感のようで、例えばイギリスには一種類の蝉しかいない。北国の寒い島なので当然なのかもしれないが寂しい島である。ちなみに日本の蝶は二五〇種類ぐらいで、以前は一八五種類ほどだったが沖縄などの南の島が返還されて南の蝶が一気に増えた。また日本のトンボは二〇〇種類と非常に多い。一国にこれほどのトンボが棲んでいる国は世界のどこにもない。

蝉もトンボも蝶も季節感をよく表し、植物もそうであるがそれぞれの種類が交代していくので、私は山で季節の変化を敏感に感じることができるし、それが山の大きな楽しみなのである。

日本の四季は恐らく世界で一番美しい。日本は温帯にあって夏は熱帯のようになり、冬は全島に雪が降る。北陸の積雪量は世界一というので驚きだ。狭い国土の八〇％が山の山国であり、驚異的な生物の多様性が風土を豊かにしている。一年で草木が繁りそして枯れる。心踊る春があり、美しく装う秋がある。その変化は劇的で美しい。更には高い山と美しい海岸がある。私たちが世界に誇れる四季と風光である。

和歌や俳句の世界では、微妙な季節感を捉えて表現する良い歌が多く、日本人の繊細な季節感を表している。日本の風土が育てたものだ。その中でも最も微妙に季節感を捉えているのは藤原敏行の歌だと私は思っている。

秋来ぬと目にはさやかに見えねども風の音にぞ驚かれぬる

立秋は八月の初旬で旧暦では「秋が立つ」のであるがこの頃は暑さの盛りなので、処暑の八月下旬の歌かと思う。二十四節気による季節区分は寒い中国の東北部で生まれたので日本の気候と少しずれがあるという。日本の東北地方は春が遅く、秋が早いので旧暦の季節感に合致するようである。

山頂に近づいてモミジバハグマの花を見つけた。花は十五㎜ぐら

モミジバハグマ

カシワバハグマ

いで小さいが巴形に咲いて美しく、葉も見事だ。この仲間のカシワバハグマが花沢コースに今見られる。そしてキッコウハグマも何株かあるが、これは成長が悪く花芽は着くが咲くに至らないようだ。ヤブレガサもこの時期に花が咲く。美しいとはいえないが見応えがある。いずれも夏の終わりに咲く。十月にコウヤボウキの花を見つけた。五十cmに満たない小さな木で、ハグマに似た花である。

　ヤマホトトギスも奇妙な花を着けて咲いているのを見つけた。花

キッコウハグマの花

キッコウハグマ

コウヤボウキ

ヤブレガサ

ホトトギス

ヤマホトトギス

弁が反り返って、シベが高く立ち上がっている。ホトトギスはＮＴＴ路に九月に咲く。葉に斑点があり、花にも濃紫色の斑点があるので鳥のホトトギスの胸の斑点に見立てて付いた名である。葉脇毎に二～三個着く賑やかな花で、非常に美しい。

オトギリソウ（弟切草）も黄色に咲いている。この名は鷹の妙薬としての本種の秘密を他言して兄に切られたという伝説に由来しているという。林の中にガンクビソウが黄色い花を着けている。キセルの雁首のような形の花はそのままで開かない。

オトギリソウ

ガンクビソウ

頂上に着くと二等三角点の真上に機械を据えてＧＰＳの測量をしている人たちがいた。高草山の頂上には既に何個かの巨大構造物が立っていて遠くからもここが電波の重要中継地になっていることが分かるが、地殻変動などミリ単位の精密測量が必要な時代の要請があるのだろう。

この頂上には無名戦士の戦没者慰霊碑があるが、騒々しくて落ち着かないことである。四周を石柱の柵で区切って記念モニュメントが出来ている。等身大の慰霊の観音石仏が立っている。「南に針路をとれ」と刻字された大きな鉄の錨が置いてある。先の大戦の戦没者慰霊碑が中央にある。

ソロモンに続くこの海凪ぎわた
るかもめとなりて還れ弟

ラバウル、ブーゲンビリヤ、ガダルカナルなどの文字も石柱などに刻まれている。今は南方の楽園のような島として知られているこれらの島々は、激しい戦闘が行われて多くの戦死者を出した。八月の終戦記念日がもうじきであるが、日本が平和になり戦争を知らない世代が多くなり、大戦の記憶は薄れていく。ここから眺める駿河湾は夏の陽射しの下で銀色に光って、その先はずっと南に広がってこれらの島に続いている。ここではついと襟を正し、日本の過去、自分の過去に思いを馳せることになる。

南の山頂には数人の登山者がいた。こんな暑い日差しの中を登ってきた達者な人たちである。食糧を広げて快活に談笑している。山好きのこの人たちに呼応して私の心も共鳴する。

頂上の笹原が少し伸びてきている。軽食を取りながら見ていると、

キアゲハ

片隅でキアゲハが縄張りを作っている。黄褐色地に黒い筋の入ったお馴染みの蝶である。他の蝶が来るとスクランブルをかけて追い払う。雌が来れば受け入れる。しかし雌はちょっと挨拶した程度で大抵すぐに離れてしまう。簡単にはカップルができないようで、雄もなかなか大変である。
もう一隅にもツマグロヒョウモンの雄が陣取っている。大抵一カ所に止まっていて、こちらもスクランブル行動を取る。ヒョウモンチョウの仲間は日本に二十種ぐらいいて羽表は橙色地に黒い点の豹柄の模様を持つ美しい蝶である。数が少なく貴重種が多い。この仲間の食草はスミレであるが、家の庭のスミレを大切にしていたら、近頃ではツマグロヒョウモンの雌が家の周りで冬を除いて一年中見られるようになった。この蝶の雌は雄の倍近く大きく、模様も綺麗で、雄とは別種のように違っている。南方系のこの蝶は最近山でも里でも多くなったが以前は貴重で、

ツマグロヒョウモンの雌

ツマグロヒョウモンの雄

採取できれば喜んだものだ。環境の適否があって蝶の生息数にも変遷がある。

　登山道の途中でミドリヒョウモンも縄張り行動をとっているところを目撃した。

　真夏の高草山の山頂で蝶のスクランブルを見ているのはのどかである。平穏、平和を意識することは少ないが、山頂でのこのひと時は貴重で大切なものだ。山頂で涼しい風に吹かれて昼寝をしている人を見掛けることがあるが、登頂後の一睡はとても気持ちの良いもので、これも登山の楽しみの一つなのである。

　山に登るとき高度が増すにつれて頭が軽くなってくる。登山は激しいアルバイトなのでエネルギーは体を動かすことに費やされる。意識が体に行って、頭は何も考えず空になり、憂さも心配も飛んでしまう。登山中に大量の元気物質アドレナリンが出た後に、山頂では脳内モルヒネといわれるドーパミン、エンドルフィン、エンケファリンなどの快楽物質が放出されて頭の中に霞がかかってバラ色になり、天国にいる気分になる。エクスタシーの境地である。皆さんは山頂で一人でボーッとしている時そんな経験をしたことはないだろうか。眠気ではなく、登頂してある境地に達した時こんな現象が現れても不思議ではないことは現代科学が証明してくれている。こんな体験ができた時はほんとに山が楽しくなる。登山の効用の一つの極致と言って良いだろう。

　人が森や山に入って行くとき、森林浴の効用が有ると言われる。フィトンチット、ヒノキチオール、酸素、オゾン、マイナスイオンなどが作用して脳機能を活性化して誰もが気分が落ち着き、気分爽快になる。森林セラピーといって脳の病の治療などのリハビリテーションにも応用されるように、山のもう一面の効用である。

ナツアカネ

　山頂にナツアカネが飛んでいる。名のように赤色の夏のトンボである。そしてこのトンボは知らぬ間に似た種類のアキアカネに交代して季節は秋に移っていく。

　お盆には京都五山の精霊送りの大文字が有名であるが、近年高草山の中腹にある笛吹段公園に

焼津市街

「大」の字の送り火が灯されるようになって、暗い山に赤く浮き上がって平野からも見えるようになったと聞く。暑い夏の夜に家の外で涼むのは気持ちがいいので、盆の送りに外に出て山に向かって祖先のことを思うのは善い事である。

　お盆の最中には焼津の港祭りがある。港の花火が盛大で万余の人が見物に集まってゴッタがえす。この花火を高草山から見る人たちがいる。花火は五寸玉ぐらいの普通の大きさのものが三百mぐらいの高さに揚がるので、山では目の前で開くことになる。花火を横から見られるのも面白く、近頃は山に登る人が多くなって道脇にシートを広げて飲食をしていたりして、石脇の道などでは渋滞が起こるほどになった。夜の志太平野は人家、街灯、ネオンなどの灯がキラキラと美しく輝いて広がっている。車や電車が明るい光を撒き散らして走って行く。空には白鳥座の星を中心に夏の星座が明るくまたたいている。

　高草やきらめく星に平野の灯

暗い海を背景に上がる花火はくっきりと見え、光が一瞬海を明るくする。美しい夜の光の競演が見られるこの山は、新しい名所を提供してくれている。

## 宇津の谷峠と高草山西麓

**九月になっても残暑は厳しく暑い日が続くが、朝晩に涼しさを覚え、蒸し暑さが取れて吹く風に爽やかさが感じられるようになる。山では夏の主役であった蝶、トンボ、蝉の姿が減って幾分の寂しさがある。そして萩やヒガンバナなどの秋の花が咲き始める。**

高草山の北側に国道一号が通っていて、そこに「道の駅・宇津の谷峠」があり、背後に宇津の谷峠がある。有名な歌枕の地である。奥州の入り口になる「白河の関」にも伍して、この地で多くの歌が詠まれてきた。風流人は高草山へ来ればついでにここへ寄らない訳にはいかないだろう。

国道が高草山の北の裾を通って東に下りた所に信号機があって、歩道橋があり廻沢入り口バス停がある。道の駅の東のはずれから車道が国道をくぐっていて、辿って行くと坂下集落がある。東から車で来た場合は宇津谷トンネルを過ぎて百m先に入り口がある。

有名な「蔦《つた》の細道」はこの坂下から山越えして宇津の谷に至る道である。現在では道の駅がトンネルの西側（上り線）と東側（下り線）に出来て、この間を結ぶ山道が古い時代の道で、今はハイキングコースになっている。ここには四本の山道があって東海道が時代の変遷によって変わって来た道の跡を辿ることができる。秀吉以前の古道と江戸時代と明治と昭和の道である。更に古い平安時代以前の道は高草山の南側の日本坂を越して行った。

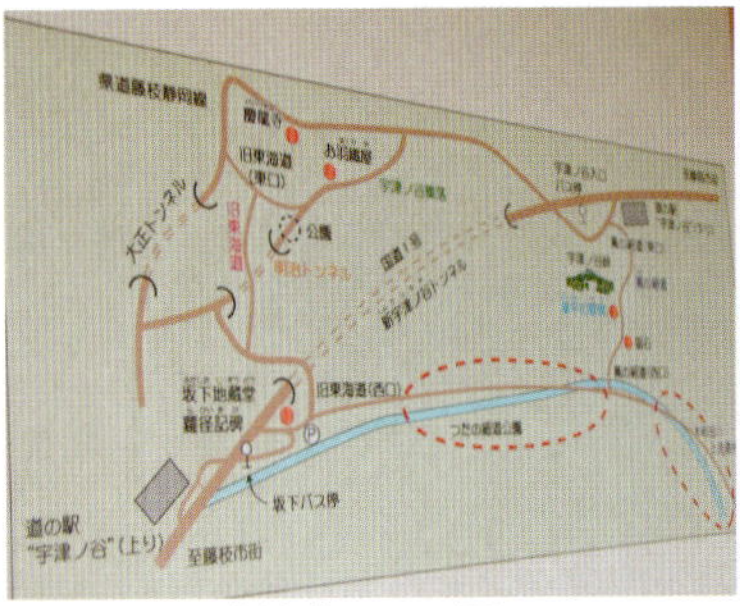

宇津谷コース図

東の静岡方面からバスで来た場合はバス停坂下で降りるとすぐに鼻取り地蔵堂に出る。ここのお地蔵様が子供に化身して、道で動かなくなった牛の鼻を取って動かしたとの伝説がある。ここには見事なイチョウがあって秋には黄色に化身して国道を通る人の目を引く。

境内に「蘿径記《らけいき》碑」がある。高さが二m近い長方形の立派な白御影石の碑で、漢字二八文字で十一行の長文の蔦の細道の顕彰碑である。蘿とは蔦で、径とは小道なので「蔦の細道」のことである。

蘿径記碑

『この小道は古い官道で、在伍中将（在原業平《ありわらのなりひら》）が「歌枕を求めて還れ」との勅を蒙り、この地で新古今集に載る良い和歌を作った。その後多くの人が歌を残している。豊臣秀吉が小田原征伐に行くときに道を変えてからはこの古道が廃れてしまった』などと刻まれている。

駿府の代官羽倉外記が文政十三年（一八三〇）に建立した。江戸末期には蘭学も漢学も盛んで各地に外国語の堪能な人がいて、静岡にもこのような立派な人物がいたのだ。碑文字も幕末三筆の市河米菴《べいあん》が揮毫している。

坂下は狭い場所に数戸の家が並んだ小さな集落である。集落の先は山間《やまあい》の風光の良い所で、公園風に整備されて、資料館もあり、歴史を語る遺構も多いので観光客など寄る人も多い。

住宅の庭先にはノボタン、ムラサキシキブなどがある。道脇にはツバキ、サクラ、モミジなどが並木になっている。更にツツジ、アセビ、ヤマモモ、サルスベリ、ヒトツバタゴ、ヤマブキ、ユキヤナギ、ニシキギ、コデマリ、ハナゾノツクバネウツギ、ツワブキなども植えられているので季節毎にいろいろの花が楽しめるようになっている。

木和田川に沿って五十m行った所に左に昇る道がある。江戸時代の東海道である。ここには整備された駐車場があって二十台は置ける。その先にはトイレのある休憩所がある。

石造りの堰堤

ここの川は石組みされている。明治四十三年にこの奥の山が崩れて大洪水を起こした。川の改修に石垣を組んで岸や川床や堤を築いた。百年前のまだコンクリートがなかった時代に高度な技術で作られたもので、現在も立派に役目を果たしている。川は大水が出れば水が石の下の土や砂利を洗って巨岩も押し流してしまう。毎年大雨は降るし、台風も来るのに百年も耐えているのは素晴らしい。目前の五ｍほどの高さの堤の石組みは美しく、上を水がサラサラと流れている。「登録有形文化財・一号堰堤」という看板がある。ここには上流五百ｍにわたって石組みがあって「砂防学習ゾーンモデル事業」になっている。

つたの細道公園

ここから奥は「つたの細道公園」になっていて無人の「お休み処・なりひら」がある。

　更に進めば「蘿径亭」があって東海道五十三次の安藤広重など幾つかの「蔦の細道」の浮世絵が展示されていて、描かれている風景はこの峠の幽邃さがあり興をそそられる。

　公園の手前には板塀のような歌壇が建てられて、蔦の細道を歌った和歌が沢山掲げられている。

歌壇

　阿仏尼。「十六夜日記」の作者

我こころうつつともなし宇津の山
蔦にも遠き都恋うとて

つたかえでしぐれぬひまもうつつの山涙に袖の色ぞこがるる（十六夜日記）

　鴨長明。鎌倉前期、「方丈記」作者

袖にしも月かかれとは契《ちぎり》置かず
涙は知らず宇津の山越え

　兼好法師。鎌倉末期、「徒然草」作者

ひと夜ねしかやの松屋の跡もなし
夢かうつつか宇津の山越え

　藤原定家。「新古今和歌集」の選者、「小倉百人一首」の作者

都にもいまや衣をうつの山
夕霧はらう蔦の下道

　藤原俊成《としなり》。「千載和歌集」の選者、中世和歌の最高指導者

夢路にも馴れしとやみるうつつには宇津の山辺の蔦ふける庵《いお》

林羅山。江戸初期の朱子学者
山中首《こうべ》を回らして吟呻《ぎんしん》を費やす
遺愛の蔦楓《ちょうふう》　秋又春
古今瞑々《めいめい》たり名を境《きょう》と
業平《なりひら》の歌後更《かご》に人なし（七言絶句）

いずれも名高い歌人達で、流麗な草書体の筆致はこの地の人たちの手になるらしい。ここを訪ねここを通った多くの歌人へ思いを巡らして、私はしばし風雅に浸る。

川に沿った広場は芝生の公園になっていて、幾組かの家族がテントや木陰で食べ物を広げ、澄んだ水で川遊びに興じる子供たちもいて残暑の夏を楽しんでいる。

蔦の細道碑

公園が終わると沢と道が山に分け入って行くが、蔦の細道古道は更に少し進んで左に丸木橋を渡って入る。ここに「蔦の細道」の古い石碑がある。暫く小さな沢に沿って登って行くと茶畑が開けてくる。右は杉林で暗い。道端にはゲンノショウコが可憐に咲いている。白色の五弁の花弁に濃紅紫色の筋があって、小さいが美しい夏の花だ。西日本では紅色花が一般的である。医者イラズの呼び名もあって下痢どめなどの万能の民間薬として知られている。ゲンノショウコとは「現の証拠」で「効き目がすぐに現れる」ということである。帰化植物のアメリカフウロはよく見掛けるようになった。

ゲンノショウコ

イヌタデは群落を作って今が花盛りなので一面のお花畑のようにピンクに広がっている。ハナタデは花がまばらで、葉が広く表面に黒斑がある。背の高いオオイヌタデもある。里では背丈ほどにもなるオオケタデが咲いていたのでタデ類は今が花の季節なのである。「タデ食う虫も好き好き」という

アメリカフウロ

Sep

イヌタデ

ハナタデ

諺がある苦《にが》い植物であるが、虫は平気で寄ってくる。イヌタデは苦くなく、ヤナギタデが苦い。食用にするのは苦い方で栽培種はヤナギタデかその出ものでマタデ、ホンタデといい苦味が良い。タデ類は日本人が好きなソバの仲間である。

道は開墾中のみかん畑を過ぎる。みかんは価格が下がって魅力の少ない作物になってしまったようで

オオイヌタデ

オオケタデ

放棄園を見ることも多いが、最近では良い品種や産地の特産化などで価格が取れると聞くので、こうした情景に出会うのは嬉しいことである。

沢に沿った道脇にコゴメカヤツリグサが線香花火のように咲いている。カヤツリグサ科の茎は三角形で、茎を上と下から裂いていくと途中で交差して四角形ができる。これを蚊帳になぞらえて遊ぶことから名が付いた。スゲやイグサな

コゴメカヤツリグサ

どは繊維の長い植物で、茎や葉が笠や畳などに利用される。

イネ科の植物も沢山見られ、いずれも秋になって実を着けている。チカラシバ、ジュズダマ、カラスムギ、ヒゴグサ、ヒメクグ、ヌカキビ、ノガリヤス、カルガモ、エノコログサ、ミゾイチゴツナギ、カモジグサ、スズメノチャヒキ、オヒシバ、メヒシバなどがある。

チカラシバ

ジュズダマ

ヒゴグサ

カラスムギ

ヒメクグ

ヌカキビ

カルガモ

イネ科の植物は人類の主食の米、麦やトウモロコシ、砂糖きび、ハトムギなど重要な植物の仲間である。姿はカヤツリグサ科と似ているが、茎は円形で節があり節間はほとんど中空である。タケもイネ科であるがこちらは木質である。ついでにいえば笹と竹の違いがあって、節にはかまが付いているか否かで分ける。

沢が消えるとススキの荒地になる。ススキもイネ科の植物で、長い白い穂を着けて秋を象徴する植物である。ここではもう一面に穂をなびかせて秋の気配を漂わせている。初秋のことで穂はまだ幾分黄色で完全には開ききってはいない。九月の中秋の名月が近いのでススキと秋の花と団子を月に供えて収穫を感謝する風流なお月見の行事の頃にはちょうど間に合いそうだ。

ススキ

秋の七草は万葉集に山上憶良が詠んだススキ、ハギ、クズ、ナデシコ、オミナエシ、フジバカマ、キキョウで、観賞用である。春の七草は食用の植物が選ばれている。

この辺りには桜が沢山植えられていて、もう何年かすれば桜の山になるだろう。

天翔ける鳥も憩えなわが里の
蔦の細道いま桜季《どき》
片山静江。岡部在住、県歌人協会

この斜面の上が名にし負う宇津の谷峠である。三十分で登って来れる。標高二一〇mの峠は少し平らになっていてベンチが置かれている。山の鞍部になっていて左右に山が上がっている。南が開けて藤枝の山が見える。

平安後期に在原業平が「東下り」する有名な「伊勢物語」はここでは次のような原文になっている。

「ゆきゆきて駿河の国にいたりぬ。宇津の山にいたりて、わが入らむとする道はいと暗う細きに、蔦かえでは茂り、もの心細く、すずろなるめを見る……。

駿河なる宇津の山辺のうつつにも夢にも人に逢わぬなりけり

富士の山を見れば五月のつごもりに雪いと白う降れり

時知らぬ山は富士の嶺《ね》いつとてか
鹿の子まだらに雪の降るらむ」

東下りの心細さと都恋しさを宇津の谷の景色に合わせている。この峠で見た富士山が、六月末なのに雪のある様子に驚いている。今は杉が茂ってここから富士は見えない。ここには業平の歌碑が立っている。昔一人の人物がここを通って一編の歌を残し、後世数多《あまた》の人が歌を重ねてこの地は名高い歌枕の地となった。ここを西行も宗祇《そうぎ》も通った。この二人を尊崇している俳聖芭蕉も六回通っている。いずれも旅を命とした人たちであるが残念ながらこの人たちの歌はない。宗祇といえば室町期の最高の連歌師で、連歌の最高傑作といわれる「水無瀬《みなせ》三吟百韻」を作った。三人で百句を連ねた一人に宗長がいる。島田の生まれで、宗祇に連歌を習い一休禅師に弟子入りしている。後年この峠の先の丸子に吐月峰・柴屋庵を結び生涯を送った。「宗長日記」には奥州の「白河の関」への旅心、旅の記録があって、この時代になっても大変な旅の様子が記されている。このベンチに座って静かに昔の人を思い、歌をかみしめる感慨はまたいいもので、この道はいつの間にか踏み込む文学の散策道なのである。

業平の歌碑

ノダケ

　ベンチの前方にウドが倒れている。似たものにノダケがある。

　峠を後にして東側に下ってゆく。こちら側は高い杉林の中の急な斜面になる。西から登ってくる路は日が差して明るいので昔の歌の風情は感じられないが、こちら側は足元もおぼつかず、振り返れば細道が上へ上へと続いている。細い沢が現れてザワザワと鳴る音も物侘しく、業平の時代もかくこそと偲ばれる道である。

　林床にはシダ類が多い。フモト

つたの細道

シダ、イノデ、ゼンマイ、ヤマイタチシダ、アマクサシダなどが見られる。斜面がヘラシダで覆われている所もある。ノキシノブ、ミツデウラボシも岩にへばりついている。

ヘラシダ

ノキシノブ

　ハナミョウガがもう青い実を着けている。ミズヒキが花柄を長く伸ばして赤い小花を沢山着けている。タマアジサイも咲いている。これらは光の少ない場所に特徴的な植物である。道は二十分で下り着く。そこは交通の大動脈の国道一号で車が騒音を出して絶え間なく行き交っている。昔の雰囲気に浸って山を降りてきた身には浦島太郎的落差がある。そこには「蔦の細道・東口」の石碑があり、下

ミツデウラボシ

ミズヒキ

キトンボ

り線の「道の駅」がある。蔦の細道は一時間で歩ける。ここであまり見掛けないキトンボを見つけた。

　宇津の谷は道の北側になり、国道を跨ぐ道を上る。宇津の谷隧道と書かれた立派な国道一号トンネルは右が片側二車線の昭和トンネルで左が平成トンネルである。平成トンネルができるつい先頃までは昭和トンネルが上下一車線で運用されていた。

　道が分岐になっていて、直進すれば昭和第一トンネルを通って岡部側へ抜ける。左に下がって橋の先は古い街道に沿った宇津の谷地区である。

　軒を連ねた家並みには、各戸に屋号を書いた古びた大看板が吊るされて、古い時代の街道町の雰囲気がある。秀吉から陣羽織を拝領したという御羽織屋などもあって古くから開けた場所なのである。

慶龍寺には森川許六の十団子の碑があってちょうど碑前の萩の花がこぼれるほどに咲いていていた。
　十団子《とおだご》もさびしくなりぬ秋の風
蕉門十哲の一人で、芭蕉がこの句に「自分の詩心を探り当てた」と絶賛したという。十団子は峠の名物で小豆よりも小さな乾燥した団子を十個、九連に綴った旅のお守りで、それが小さくなったことと秋の侘しさを重ねている。秋の縁日には今でも一日に二千個も出るといっていた。
　道の傾斜が強くなって右に折れる所の石垣に懸かって大きな萩が二本紅白の花を咲かせている。枝垂れて満開にこぼれ咲いている萩は、風に揺れてこれぞ秋という風情がある。センダイハギであろうか。マルバハギ、コマツナギ、キ

宇津谷旧街道

十団子碑

萩

ハギなどの萩もこの時期に咲く。萩は秋を象徴する花である。

道なりに右に行くと旧道に出て

コマツナギ

マルバハギ

釜風呂温泉がある。天狗巣病にやられた桜並木を越すと昭和第一トンネル（地元では着工に合わせて大正トンネルという）がある。現在も供用されていて時折車が通る。

坂を下って行くと明治天皇駐輦《ちゅうれん》の地があって、明治トンネルへの道が左に上って行く。ここではクズが咲いて良い匂いを放っている。黄色の花を沢山着けたマメ科でつる性のノササゲ、ヤブマメ、ヤブツルアズキも咲いている。イタドリも黄白色の花をあふれるほど着けて満開である。クズもイタドリも日本からの外来植物としてヨーロッパで繁殖して猛威をふるっていて、日本が攻めてきたとして嫌

キハギ

ヤブマメ

ノササゲ

われているらしい。両方とも繁殖力が旺盛過ぎて日本でもあまり歓迎されてはいない。しかしクズは

イタドリ

ヤブツルアズキ

葛粉が取れる和菓子の重要な材料であり、その繁殖力は砂漠の緑化に有力なのである。

クズ

クズが覆う（マント）

Sep

明治トンネルはここから五分も登れば着く。カンテラ風の電灯が灯り、幅三mぐらいの赤レンガの造りのこぢんまりした古風な感じがある。中から涼しい風が通ってくる。日本最初の有料トンネルである。路面は先ごろ綺麗に石畳舗装された。トンネルを抜けて東側に出るとそこには大勢の人がいた。自転車の一団は全国から自転車仲間が集まっていろいろの所へ行くが、今日は焼津駅に集まってここまで来たらしい。もう一団は休みの日を継いで、東京から旧東海道を全線歩き通して京都まで行くという。ほとんどが女性で賑やかなおばさんパワーに圧倒される。ここには宇津の谷峠の立体模型などもあって公園風の広場になっていて休むのに良い場所であるが、五十人を超す人で賑やかである。昔の人が苦労して、時には決死の覚

明治トンネル

悟で越した峠も現在は偏頗《へんぱ》な楽しみで越す。よい時代になったというべきだろう。

道を下って行くと宇津の谷に戻って行くが途中に左に上って行く道がある。これは秀吉が開いた江戸時代の道である。ここを辿れば見晴らしの良い所があって宇津の谷の家並みが俯瞰できる。屋根瓦に変わっても、この景色は江戸の昔のままであろう。

頂上近くに「地蔵堂跡」がある。ここは河竹黙阿弥（一八一六〜九二）の代表作、歌舞伎「蔦紅葉宇津谷峠」で盲目の文弥に検校の位を得させるために姉が身を売って持たせた百両の金のために殺される凄惨な場面になった場所である。武士上がりの十兵衛が恩義ある人を救おうと起こした惨劇で、その名セリフは有名。

「…因果同士の悪縁か、殺すところも宇津谷峠。しがらむ蔦の細道で、血汐の紅葉血の涙、この黎明《ひきあけ》が命の終わり。許して下され、文弥どの。」

二年前にこの場所の前面に縦横約五mの立派な石垣が突然発見されて話題になったが今は青いビニールシートに覆われている。

江戸時代のベストセラー、滑稽本黄表紙「東海道中膝栗毛」の作者・十返舎一九は静岡市の生まれで、一八〇二年に初版本を出している。弥次さん喜多さんのずっこけ旅で丸子のとろろ汁の夫婦喧嘩を面白く活写しているが、この宇津の谷峠では雨に会っている。

降りしきる雨やあられの
　　　　　十だんご
ころげて腰をうつの山みち

この道幅はおよそ二mあって、急坂はなく車道のように立派である。秀吉が小田原征伐に向かうための大砲などの重機の運搬にこのような道が必要だった。秀吉麾下《きか》の忍者集団黒鍬《くわ》衆が道作りに活躍したという。古い道は新しい道に変わって行く。

古し世の跡もとどめず高嶺まで
大路《おおじ》開けぬつたの細道

下田歌子。明治歌人、教育者

峠の標高は百七十mで展望はない。この辺りに耕作地はない。低いが険阻な所なので、平安時代から七百年の長い間東海道一の難所とされてきたのである。江戸時代の三百年間は「大路開けて」茶屋も建ち、多少良くなったのだろう。

峠を下って明治トンネルからの道と出合って左に下る。杉の林の中に「髭題目碑」がある。「南無妙法蓮華経」と髭を生やしたような字で書いてある。日蓮宗の信者が立てた約二mの立派な石碑で、日本のあちこちにあるという。身延山が総本山なので東国に多いらしい。

髭題目碑

ここを過ぎると坂下の駐車場所に出る。これで四本の古道を踏破して元へ戻った。三時間の楽しい山道であった。

九月下旬に高草山の西麓になる岡部町側を歩いた。この辺りには多くの寺社が点在していて、麓を廻る「山辺の道ハイキングコース」としても紹介されている。晴れた秋の日に寺社巡りも悪くない。折柄お彼岸の時期である。

最初「神神《みわ》社」に行ってみる。三輪《みわ》にある大きな神社でここの地名になった。朝比奈線の三輪神社入り口バス停で降りれば、平地に繁った神社の森が見える。六四四年に大和国三輪（桜井市）の大神《おおみわ》神社から分祀《ぶんし》したということなので古く、式内社（九二七年編纂の延喜式に載っている由緒ある社《やしろ》）である。元社が三輪山を御神体としたように神神社も高草山を御神体としていたが、祭神は大物主大神（大国主命）である。

前面は開けた田圃で、その南面から石鳥居を入ってゆくと社殿がある。周囲は杉などに取り囲まれているが明るく、遠くも見えるので開放的である。本殿はなく、祭りは古代様式で行われ、斉庭（まつりのにわ）は奥の森である。社殿右手前にある三つ鳥居は見慣れないが三輪系神社独特のもので聖俗の境を意味していて、その先がご神域になっている。神域は小高い丘で鬱蒼とした森になっていて、

三つ鳥居

常緑の高木の森は椎、樫、楠、タブノキ、椿、モチ、サカキ、ヒサカキなどの温帯照葉樹林である。

日本ではどの地域の村や町にも神社があって地域の祭りが行われる。そしてお宮は鎮守の森に囲まれている。鎮守の森で遊んだ幼い頃の体験は誰でも持っていて、日本人の共通の原風景として懐かしく記憶されている。そして鎮守の森にはフクロウの鳴くような暗さと怖さがあり、神秘、畏敬を感じ、森厳な気が満ちている。それも深い森の故である。

日本の森は人が手を入れずに放って置くと二百年も経てば北国ではブナの森になり、南では温帯照葉樹林になってしまう。これを極相というが、神社の森は切ることなく大切にされるので、よく茂った深い常緑の森になる。神神社には特に立派な鎮守の森があり心洗われる。

境内や田の面にアキアカネが沢山飛んでいる。このトンボは六月の田で大量発生する。日本は田圃や水路が発達していてトンボが住み易く、世界一その種類が多く、特にアキアカネは秋の空を見上げれば必ず見つかるほど数が多い。トンボは冬をヤゴという幼虫で水の中で越すが、アキアカネは乾燥した田で卵の姿で越して初夏に田に水を張ると孵ってヤゴになり、まもなく成虫のトンボになる。夏には涼しい高山に移動して避暑をし、秋に平野に帰ってくる。トンボの中では非常に珍しい生活史を持っている。アキアカネが飛ぶと秋も本格化する。雄は婚姻色で胴体が赤くなり、赤とんぼといわれるようになる。日本の秋は、童謡「赤とんぼ」に象徴される懐かしくもしっとりとした風景がある。

アキアカネ

道に戻って一五〇m北に向かうと十輪寺入り口があって右に百m入れば寺に着く。寺は石垣の小高くなった場所にあり、六地蔵があり、まだ小さなサラの樹が植えられている。葉は大きく歪んだハート形をしている。六月に淡黄色の花を付け、甘い香りが漂う。この木の下でお釈迦様が涅槃に入られたので仏教では大切な木で、二対の沙羅双樹のあるインドのクシナガラは仏教の聖地になっている。沙羅双樹といえば「平家物語」の冒頭の一節を思い出す人は多いだろう。
祇園精舎の鐘の声、諸行無常の響きあり、沙羅双樹の花の色、勝者必衰の理を表す。おごれる者も久しからず、ただ春の夜の夢の如し。

沙羅

十輪寺

十輪寺には二体の木喰仏がある。子安地蔵菩薩像と虚空蔵菩薩像である。いずれも一m近い立派な微笑仏である。頼めば親切に見せて頂ける。

虚空蔵菩薩像

子安地蔵菩薩像

お寺を出た右手の山のお墓はヒガンバナが真っ赤に咲いている。今は道端も土手も山裾もこの花で赤く彩られている。ちょうどお彼岸の頃に咲く花である。花は何もない所から突然花茎を出し、真っ赤な複雑な姿の花を咲かせる。何となくお彼岸、お墓、地獄を連想させるのでこの花は人に好かれない。死人花、幽霊花などの呼名もある。四十cmぐらいに伸びた花茎に六～七個の花を着け、一花に六枚ずつの花弁が着き、六本の雄しべと一本の雌しべを外に長く伸ばして美しい宝珠の姿を作る。曼珠沙華という別名は「法華経」の天上界に咲く赤い花のことである。

　つきぬけて天上の紺《こん》曼珠沙華
　　　　山口誓子

花が終わると花茎は枯れてなくなる。その後葉が出て晩秋に繁る変わった生態の植物である。ヒガンバナは染色体が三倍体なので種子が出来ない。バナナ、種なしぶどうも三倍体である。ヒガンバナの繁殖は球根で増えていくだけで全てクローンなのである。球根だけで増殖するのは大変で、土の中で年に数㎝進むだけである。

ヒガンバナは平安時代に中国から渡来した植物であるが、現在は北海道以外の日本全土に広がっている。根に澱粉があるので毒の苦《にが》りを抜けば百合根のような味で美味しく食べられる「備荒植物」として人が植え、持ち運んだ「人里植物」なのである。この植物は人為によってしか広がることはできない。現在は開墾や耕作や土木作業などで土を動かすことが多くなり、ヒガンバナは動く。この球根は強いのでこれから増殖は加速するだろう。

高草山では裾に近い所に大きな群落があって、花園のように咲いている場所もあるが高い場所にはない（後に一カ所で見つけた）。自然ではヒガンバナが山を登るのは不可能に近いのである。

ヒガンバナ

幹線道に戻って一㎞行くと兵隊さんの看板があって常昌院に行きつく。お寺は住宅の奥の高台にあって見晴らしが良い。庭で金木犀がいい匂いを放っている。

常昌院は別名兵隊寺と呼ばれている。別院に日露戦争で戦死した旧志太郡下出身者二二四体の木造を作って安置されている。像に名があり、本人そっくりの面影という。お寺の奥さんから畳に座っていろいろのお話を伺い、厚い忠魂録も拝見した。志太の全町名を読み込んだ「志太の里めぐり」の扁額も一見の価値がある。お墓にカ

常昌院の兵隊像

ラスが来てお彼岸に供えた花を抜いてしまうので困っているという。花筒の水を飲むためらしい。

「山辺の道ハイキングコース」はここから山を越して本郷の南陽寺や古い石灯籠などを見て、またみかん畑などの山道を辿る。

本郷の立石神社を過ぎた道脇にフジバカマを見つけた。高さ一ｍの枝先に淡紅紫の頭花が密に集まって美しい。下部の葉が三深裂しているのが特徴で、絶滅危惧種に指定されている。

光泰院は常昌院から二㎞北にあり、岡部町の繁華な場所に近い。

フジバカマ

ここは大きなお寺で木喰仏がある。お寺の前の大きな広場は駐車場を兼ねて大きな金木犀が良い匂いを送っている。お寺の庭にはブラシノキが緑の種を揺らし、夏に遅れたサルスベリが紫に咲いている。

光泰院の木喰像

光泰院

木喰仏は大きな准胝《じゅんてい》観音菩薩立像と特に傑作であるといわれる聖徳太子立像がある。岡部町には三寺に五体の木喰仏がある。このコースは文化財として価値のある寺社、古い常夜灯などもあり、みかん畑などを通って道は山道を繋いで石畳やアンツーカー舗装され、町並みを俯瞰して二時間弱で歩ける楽しいコースになっている。

国道に出て更に五分、役場からは東に十分歩けば大旅籠柏屋がある。江戸時代の大きな旅館で昔の雰囲気があって、時季折々の催事も多く、近くの大きな駐車場は休日には車がいっぱいになるほどの見学者があり人気がある。

町はずれの道上に十石坂観音堂が建っている。ここに西行座像があるとのことで行ってみたが中を確認できなかった。

十石坂観音堂

　ここで大変なものに出会った。遠くの茶畑に黒い蝶がいてこちらに近づいてくる。大きくて後翅が白いのでモンキアゲハと思っていたが、近づくと白い部分が大きく透き通るように綺麗だ。赤い紋がある。「あっ、ナガサキアゲハだ」。体長も一回り大きいし、尾（後翅の突起）もない。そして雌だ。蝶の中では変わっていてこの蝶は雌の方が大きくて派手で、白紋が発達し赤い紋が入って美しい。雄はほとんど黒い。なんと目の前のヒガンバナに止まった。

　急いでカメラを出して構えたが途端に飛び立ってしまった。私はまた帰って来てくれないかと待っていたがそれきりだった。興奮は暫く続いて収まらなかった。大変なものを見たのだ。

　ナガサキアゲハは五十年も前の私が学生の頃はその名のように九州の南部にしかいなかった。シーボルトが名付けたという。日本が温暖化して冬も暖かになるにつれ四国で生息が確認され、紀伊半島に渡り、最近では渥美半島でも生息しているのではないかといわれている。そして静岡県も、やがては千葉県辺りまでこの蝶が見られるようになるだろうという予測がある。最近の蝶の分布状況を知らないがこれはビッグニュースではないか。西行さんが引き合わせてくれたのかも知れない。

　夏はどこも暑く、蝶は遠くまで飛んでゆく。夏の終わり頃愛知県からこの辺まで届いても不思議ではない。そしてここで定着する可能性がある。ナガサキアゲハの食草は柑橘類なので静岡では全く困らないし、冬も暖かなのでこの蝶の生息には良い環境がある。この蝶は日本のアゲハの中では最大で、しかも美しいのでここに定着して欲しく、これから楽しみなことだ。

　後で、春にカラスアゲハを追っていた人が平成十六年の四月に高草山の麓の浜当目で春型のナガサキアゲハを採取したと聞いたので、この地でこの蝶が越冬したことが分かった。そしてこの年の七月に高崎で私は雄のナガサキアゲハの写真撮影に成功した。更に平成十六年に朝比奈の昆虫館の館長さんが二頭を目撃した。従ってこれらのことから、高草山で平成一六年の冬にナガサキアゲハが越冬して、この棲息宣言を私がしても良いだろう。

ナガサキアゲハ（雄）

ナガサキアゲハ（雌）

## 十月の西の谷コース

十月になると空気が澄んできて空が高く青くなって、爽やかな秋を迎える。山の植物は稔り、動物達にとっては餌の豊富な良い季節を迎える。山にはヤクシソウやタムラソウなどの秋の花が咲き、渡り鳥は夏鳥と冬鳥の交代があり、季節が動いて行く。

十月の中旬に坂本から西の谷コースを登った。登り口は朝比奈線の林叟院入り口より北へ歩いて五分の位置にあり、住宅地の中へ入って行く。車では入り口が分かりにくく案内表示もないが横断点線がある。住宅が終わった先に数本の大きなケヤキのある「西の谷公園」があるのでここに駐車できる。簡易トイレもある。冬には園内に藪椿が咲く。

沢に沿って車道が上がって行く。沢筋には並木のようにずっと梅が続いて、早春には芳香を放って白く咲いていた。四月にはオドリコソウがこの道端に咲く。この山ではここでしか見られない。シソ科の植物は大抵茎や葉に芳香があって、茎は四角形で花は唇状である。ホトケノザ、ヒメオドリコソウ、キランソウ、タツナミソウ、トウバナ、アキノタムラソウ、ヤマハッカ、ヒキオコシなどがこの山で出会った仲間であるがみな似た花を着ける。シソ、セージ、タイム、ラベンダー、ハッカなど香りがお馴染のハーブ類はほとんどシソ科の植物である。

道端のコスモスにイチモンジセセリが沢山来ている。茶色の羽根

イチモンジセセリ

セイタカアワダチソウ

で、小型で胴が太く蝶らしくない。羽裏に銀色の点線があって一の字に見える。稲の害虫として知られていて秋になると数が多くなる。蝶は二本伸びた触角の先端がこん棒のように丸くなっているので蛾と区別できるが、セセリチョウ科の蝶の触角の先端は伸びて外に曲がり、原始的な蝶である。セイタカアワダチソウが咲いている。以前から日本全国で猛烈に繁殖して日本の植物の生態系を変えてしまうと危惧されていて里の嫌われ者で、高草山にも少し入り込んできている。

道からは目前高く高草山の山頂が見える。四本の鉄塔が立つ山頂は遠く高く、この谷が山頂近くまで突き上げている。高草山でもこのコースは最も傾斜が強く、登山道らしい。

沢の上にアケビが薄紫の大きな実を数個着けている。半分は割れて中身がない。三個ほど割れていない大きな美味しそうな実がブラ下がっているが手は届かない。残念ながら鳥に上げるしかない。山では最高級の果物なので道端にあればすぐに採られてしまって登山道でお目にかかることは滅多になくなってしまった。以前はこの時期に山に入ればどこでも採れたものだ。

アケビ

道が山に当たった所で分岐し、右に行くと登山口の標識がある。大きな砂防堰堤の所だ。先月はこの斜面いっぱいにヒガンバナが咲き広がっていたが、もうほとんど枯れた花茎が立っている。崖上にヤナギイチゴの木があって橙色の実を一杯に着けている。葉が柳葉だ。

ヤナギイチゴ

今年の八月は冷夏で米は平成五年以来の大凶作になった。そういえばあの年は桜が咲いてから寒波がきて、桜の満開が一カ月間も続いた特異な経験をしたことを覚えている。今年は七月に少し暑い日があって、八月は全く気温が上がらずほとんど夏がなかった。九月が暑かったので植物は異常気象に惑わされ、例えばヒガンバナは九月の初めから十月の今になっても咲いている。例年お彼岸をピークに前後一週間と特に季節を敏感に感じて咲く花なのであるが、八月の日照時間は例年の五〇%と少なく、その影響は大きく今も続いている。

コオロギがリーリーと鳴いている。夜はもうリーンリーンとスズムシやチンチロリンとマツムシの集《すだ》きが始まっている。秋鳴く虫はほとんど暗くなって鳴き出すが、山を歩いていても虫の鳴き声は聞こえる。十月になればもうすっかり秋で、日本人は鳴く虫に秋の季節感を持つ精妙な民族である。

窓の燈の草にうつるや虫の声

正岡子規

イヌホオズキ

道にはミチシバが紫色の禾《のぎ》を出して実を着けている。イヌホオズキがある。秋には花と実が一緒に着いていて、山でも里でも、日向も日陰でもよく見掛ける適応力が強い草だ。

コセンダングサ

車道を百m行くと登山道が右手に降りて行く標識がある。車道をそのまま辿るほうが早く二百m先で落ち合うが、標識が順路だ。この沢に降りる道は、昨年秋はコセンダングサがひどくて飛び掴み（種子）がジャージに着くので一時間もかけて全部引き抜いた所だ。今年はだいぶ綺麗になって、まだ種を着ける前の草を五十本ぐらい抜いてすっきりした。アメリカセンダングサとこの草は戦後アメリカから入ってきて、今日本全土にはびこって着衣に着くので大変な厄介者として嫌われている。私は高草山の主な登山道を三年かけて仇のように抜いて歩き、やっと気持ち良く歩けるようになった。私がこの山を歩きはじめた五年前ほど前は、どの道もこの草が多くてこの時期は歩くのが嫌になった。

アメリカセンダングサ

茎が四角で黄色の目立たない筒状花を着ける。人丈ほどになるがセンダングサは二回三出複葉で小葉が沢山ある。コセンダングサとアメリカセンダングサは最もはびこっていて、奇数葉状複葉で花は筒状花だけで、後者のガクは非常に長いので見分けられる。シロノセンダングサも時に見掛ける。これには白い舌状花があって区別がつく。山や里で見掛けるのはコセンダングサが多い。筒状花と舌状花のどちらかか、両方があるのはキク科の植物である。

シロノセンダングサ

　イノコズチも厄介者である。茎は硬いが節が膨れてそこが折れる。種は衣服に付いて始末が悪い。イノコズチに比べてヒナタノイノコズチは葉が厚く多毛であり、茎が紅紫色を帯びる。

イノコズチ

　ここでは菜の花がもう葉を広げて来春の準備が始まっている。ミズヒキが長い花茎を伸ばして赤い花を点在させて見栄えがする。ウラギンチョウがヒラヒラと飛んで

モズ

いる。羽裏がベタ銀なのでキラッキラッと光る。羽表は雄が青く雌は赤いので分かり、これは雌だ。秋になると多くなるので秋の蝶といっていい。

近くの木でキイーキィキィキィキィとモズが甲高く鳴いている。モズの高鳴きは秋の象徴である。モズは茶色で頭が大きく、長い尾をゆっくり回すお馴染みの鳥だ。冬に備えて捕らえた蛙などの獲物をとげなどに刺して「はやにえ」をすることでも有名だ。

ヒヨドリの声もする。ヒーヨヒーヨ、ヒーなどと秋になってその鳴き声が一段と大きくなり、数も多くなっている。ヒヨもモズも漂鳥であるが寒くなると北方にいたものも暖地に移動してくるので数が増えて、秋に特に目立ってくる。十月は夏鳥が去って、冬鳥はまだ来ていないので鳥の声の少ない時期であるがモズとヒヨが騒々しい。そして北国の果実がなくなって移って来るのでこれからメジロも増えてくる。これら三種は秋の山の主役である。

沢の丸木橋を渡ると杉林に入る。タマアジサイが咲いている。林の中とはいえ随分遅く咲いたものだ。

出会う車道は先ほど別れた道だが、この辺は山が深く、まだ緑一色だ。ここのモノレールの所を登ってゆく。林の中の道際が乱雑に掘り返されている。イノシシの仕業だ。イノシシは雑食性でなんでも食べるが土中の根や虫やミミズをあさった痕《あと》だ。高草山にもイノシシが増えている。

最近イノシシやクマやサルが里や町に出てくるニュースが多くなったが、原因は多いようである。禁猟種、禁猟期、禁猟区、雌や子供の捕獲禁止などの保護規制が強化されて数が増えた。狩猟者は県内でもひところの四分の一に激減して、山野を駆け巡って獣を追う猛者《もさ》が少なくなってしまった。山に餌が不足するのは個体数の増加があり、山が開発されて植生豊かな広葉樹の自然林が杉など針葉樹の餌にならない林に変わったし、天候不順で稔りが少ない年が多くなったためである。耕作地も拡大して山に入り込み、野生動物が人に慣れ、人里には作物が豊富にあることを覚えた。山に大型動物が多くなることは植林や農作物の被害が増え、自然回帰とはいえ難しい問題を含んでいる。

茶畑に出る。みかんもある。ワレモコウがあった。小さな赤紫色の花は花弁がない丸い花穂で、葉もほとんどない奇妙な姿をしている。「吾木香」と書くが「吾亦紅」とも書いて「私も赤い花なのよ」と存在を主張している秋の花なのである。

　吾も亦紅《またくれない》なりとひそやかに　　高浜虚子

ワレモコウ

草が刈られる場所に生えるが、この山では珍しい。

タイアザミ（トネアザミ）がある。葉は細裂し、花茎がいくつも着いて花が多い特徴がある。ノハラアザミもあってこれは秋のアザミで、粘らない。夏から秋にかけて咲くアザミは多いが春に咲くアザミはノアザミだけで、葉が多く総苞が粘り、山野に多い。

ノアザミ（春）

タイアザミ

アザミはトゲがあってうっかり触れないが、イシミカワも逆さ向きのトゲが鋭い。つる性で荒地にはびこる。実は秋に緑色が藍色になり黒く変わる。ママコノシリヌグイも似た姿で、この山にも多い。

イシミカワ

こちらは託葉が小さく、葉柄は葉の基部から伸びる。前者の託葉は大きいので区別できる。継子いじめの草とは恐れ入る。

　道が荒れた茶畑の中の道に入って行く。草に塞がれて見えないので鎌を取り出して道を出した。大きな草はカラムシ、ススキ、ワラビ、イヌホオズキ、クズなどである。特にここのクズは元気で、低い木を完全に覆って中に何があるのか分からないマント植物状態である。少し進めば道は明瞭になって歩くのにさほど支障はないが、ここは例年草に覆われる。西の谷コースは急峻で、相当登らないと見晴らしがなく、その上夏になると草が立つこうした場所もあって登山コースとしての人気は今ひとつである。登山道らしくて、上部の見晴らしが良いので私は好きなコースであるが、人が通らないととげのある植物なども元気になり、蜘蛛の巣も多くなって気分は良くない。十月下旬には土地の人が草を刈って道を整備してくれるので、それ以降は春まで快適な道になる。山は秋色が広がってきた。

　ここは急傾斜で、道は電光型に登ってゆく。草の中にツリガネニンジンが白く咲いているのが散見される。鈴蘭のような可憐で華のある花で、茎は五十㎝ぐらいある。近くに大きなネムノキがあって白茶色の種子が沢山ぶら下がっている。サヤエンドウマメにそっくり

クズ（マント状態）

ツリガネニンジン

ネムの実

の形なのでマメ科の植物だと分かる。

　カラスウリがピンポン玉の大きさで丸い実をつけている。まだ緑色でスイカのような黄と緑のまだら模様があるが、まもなく大きく長く伸びて赤く熟す。八月にはヒヨドリジョウゴが紫色の花を着けていた。イヌホオズキの仲間だ。同じ仲間のヤマホロシが赤い実を垂れている。

　今の山には多くの植物が色とりどりの実を稔らせている。植物が

カラスウリ（未熟）

カラスウリ

ヒヨドリジョウゴ（8月）

ヤマホロシ

ヒサカキ

ノブドウ

ジャノヒゲ

アオツヅラフジ

スズメウリ

ヘクソカズラ

次世帯への命の橋渡しを終えた証なのだ。ノブドウが木に這い登っている。緑と青と紫色の実が着いていて美しい。ブドウと名がついているが食べられない。ヤマブドウとエビズルは黒紫色に熟せば美味しく、秋の山の贈り物である。ヤマブドウの葉は大きく五角形で他の二種は三~五裂する。

ヒサカキは美しい青い実を着けている。アオツヅラフジはつるにかたまって着け、ジャノヒゲの実も綺麗だ。ヘクソカズラの実は飴色だ。スズメウリの実は真ん丸で吊り下がっている形が面白い。

オオバクサフジが群落を作って、地面を塞いで咲き競っている。クサフジはツル性で、葉先が分枝する巻きひげになる。花は総花序を

オオバクサフジ

ナンテンハギ

やや一方に偏ってつける。これらはマメ科特有の蝶形花で赤紫色の花を沢山つけて秋らしい華やかさで道脇を飾ってくれる。最近は帰化したナヨクサフジが里で多くなっている。これは花が少し下向く。ナンテンハギも大きな群落を作って華やかだ。

この荒地を抜けると広い茶畑地帯に出る。傾斜は急で茶園の管理の苦労が思いやられる。茶は晩秋に白い花を着ける。タイヤを敷き重ねた階段道を登ると後方は遮る物がなく視界が開け、双眸《そうぼう》に広大な志太平野が広がる。駿河湾が凪いで、御前崎が半島をせり出して霞んでいる。心が解放され気宇壮大になる風景である。ここから支尾根までの十分間の登りが特に見晴らしが良く、私はゆっくりと登る。小屋の所にノカンゾウの一叢《ひとむら》がある。夏にオレンジ色の花を着けていたがもう伸びた茎に種を付けて数本が立っている。

茶

西の谷登山コース

車道を越して尾根筋に出る手前の茶園は今年放棄されたので登山道にも草が伸びてきた。まだベニバナボロギクのみで簡単に抜けるし、歩きにくかったので全部引き抜いた。上から見ればこの広い茶園の所々に茶樹の伸びた場所がある。このようにして山が荒れてゆくのは悲しい。山で若者が働いて

ベニバナボロギク

いることは珍しいし、今日も何カ所かで終番茶を刈っている人たちがいるがお年寄りである。以前は休みの日ともなれば家族総出で農業の手伝いで、山が賑わったものだが変わってしまった。核家族化の影響もあるのかもしれないが、この先、山の農業はどうなってゆくのか暗澹たる思いになってしまう。

尾根に出て右に少しで最後の車道に行き逢う。ここは見晴らしが良いので車を止めている人が多い。五月にホトトギスの声を聞いた所だ。

この車道にはヤクシソウがある。黄色の野菊といえる。道脇の壁に生えたものは大きな株になって垂れている。黄色な花の壁が日を受けて明るく映えている場所は目を見張る素晴らしさだ。時に道脇に一抱えもある大株が黄色の花に覆われることもあって、ヤクシソウは晩秋に咲いて、一年の掉尾《とうび》を華やかに飾ってくれる。

ヤクシソウ

ここから頂上までは十分で着く。人工杭の急な階段を登った所にベンチがある。見晴らしがあって気持ちの良い場所だ。タムラソウが赤紫色に咲いている。アザミのような葉と花であるが葉にとげを持たない秋の花だ。次に杉林を通るがサクラ、オオバヤシャブシも混じっている。林下にはアオキ、ヒサカキ、タケ、イヌビワ等が中層を形成している。

コース上のベンチ

オオハナワラビがあった。夏は地上に無いが、秋に芽を出し葉を着け、胞子葉をつける変わったシダだ。フユノハナワラビと似て、五角形を作る特徴があるが葉の先端が尖る。葉は厚く光沢があって美しい。

オオハナワラビ

タムラソウ

そして大木の桜の林に入る。花の頃、遠くから見るとピンク色に染まる場所だ。ケヤキ、オオバヤシャブシも混じって広葉樹の明るい場所で山頂も近いのでいつ来ても何となくホッとする場所である。
　今年は異状気象で十月に桜が狂い咲いた報道が多く出た。桜は受難の木で冬に芽が小鳥の餌になり、花が咲けば花を食べ花を散らす鳥がいる。葉はすぐに虫が食べ、葉ごと切り落としてしまうオトシブミも来て裸に近くされてしまう。夏までにはハムシにやられて葉は穴だらけになって見るも無残になる。春にそんなに頑張らなくても良いのにと思うほど沢山の花を着け、葉を盛大に繁らせる。しかし夏が終わる頃には葉がなくなって再生の若葉を出す羽目になったり、調子が狂って秋に花を狂い咲かせる場合も多い。里の桜も虫が付きやすく消毒はかかせないが、アメリカシロヒトリが付けば大繁殖して一週間で全ての葉を食い尽くして坊主になってしまうことがある。山では野鳥などが多いので特定の虫の大発生は起こりにくいが、山の桜の葉は、夏を過ぎれば虫食いの哀れな姿になる。里の桜の葉は良い姿を保っていて、美しい桜紅葉が見られる。山と里では桜の受難の様相は全く違っている。
　山で真っ先に紅葉する木は桜である。九月に桜が紅葉することは珍しくない。それも虫食いの痛々しい病葉《わくらば》の紅葉になる。ここの桜ももう色づいている。オオシマザクラなので黄色の紅葉であるが、他の木はまだ紅葉はしていない。
　ソメイヨシノは木の中で最も短命といわれている。木の生長は早く短期間で立派な幹になるが寿命は七、八十年で、百年とは生きな

桜の病葉

いらしい。この桜は種子が出来ないので挿し木で増やすしかない。日本中の全てのソメイヨシノは一本の木から増やしたクローンである。そのことが短命の理由かも知れないといわれている。桜は日本では最も人気があり、花も木も見栄えがするが、受難の生活に耐えて華麗に短く生きている。

杉林をくぐれば山頂になる。金網にカナムグラが巻き広がっている。モミジ形の葉が印象的で五裂と七裂のものがある。花は白く小さいので目立たない。蔓につくとげは鋭く、下向きに付いている。名は茎が金属のように強く「ムグラ」とは荒地に生い茂るつる植物という意味で、日本全土に生える。

カナムグラ

道路脇の柵の外側にミゾソバが群生している。ガクの上部は紅色で下部が白く、花弁はない。水辺が好きな植物なのにこんな山頂にあるのは珍しい。

ミゾソバ

南の山頂には今日も数人の登山者がいる。気候も良くなって、夏の暑い盛りには減少ぎみだった登山者も増えてきたようである。

ここには何本かのキンモクセイがあってちょうど満開の良い匂いを漂わせてくれている。この木は江戸時代に中国から渡来したが、雌雄異株で匂いの良い雄株ばかり持ってきたので日本では種は出来ない。その匂いに誘われてさぞや昆虫も集まるだろうと思いきや、忌避物質を出すので虫は全く集ま

山頂

らない。ただ一種のハナアブだけがこの花を利用できる。この木は受粉を唯一種の昆虫に委ねている変わり者らしいが、やはり挿し木でしか繁殖はできない。風の具合か近くの人たちも香りを楽しんでいる。空にはほうきで掃いたような巻雲が浮いて、秋ののどかな昼時である。

例年、九月の秋雨前線の長雨が終われば秋が来る。そして十月になってこの時期は大陸育ちの乾いた大きな高気圧がゆっくりと移動してきて、日本は清涼で穏やかな日が多くなる。高気圧の間に小さな低気圧が出来て時折天気を崩すが、秋の天気はすぐに回復する。五月と十月は人が最も過ごし易い良い気候である。低山も日差しが穏やかになって、登山の好適期になって山が賑わってくる。

「花野」という言葉がある。秋の花が咲き乱れている野原のことである。俳句の秋の季語にもなっていて、キキョウ、オミナエシ、ハギ、リンドウ、ノギクなどの秋を代表する植物が入り混じって咲く所が想起される。花の咲く野は春も夏にもあるが、華やかであっても少し寂しい秋にこそ風情がある。これも日本人の独特の季節感なのであろう。

九月の中旬に富士宮の奥の毛無山に行ったが、急な道をあえいで登った頂上に花園があった。ぽっかりと開いた山頂にピンクのシモツケソウ、ヤマホタルブクロ、オニユリ、黄色のメタカラコウなどの高山植物が咲き、クジャクチョウ、ヤマキチョウ、イチモンジチョウなどの高山蝶が飛び交っていた。白い背高なヒヨドリバナにはアサギマダラが群れていた。アサギマダラはヒヨドリバナが特別好きだ。秋にこの花が咲くと決まってアサギマダラが寄って来る。そして恐らく一日中そこから離れないだろう。花に止まった蝶は花に魅せられて人が近寄っても気づかず、指で簡単に捕まえられる。ここは蝶にとっても天国のような場所であった。毛無山は二千m近い高さがあって生物は高山に属するものが多くなって高山植物、高山蝶が美しく華やかである。夏の高山には花園が至る所に展開する。花園は文字通り山の華である。

実は高草山の山頂も「花野」なのである。この山頂に秋の花が咲く。オミナエシ、オトコエシ、アキリンドウ、アキノキリンソウ、トリカブト、ツリガネニンジン、ヒヨドリバナ、タムラソウ、ノジギク、ヨメナ、ワレモコウなどの秋の代表的な花である。最近は目にしなくなっているものもあるが、

Oct

いずれも優雅で風情のある花たちが咲き競う。

先月ここに登ってきた時はオトコエシなどが咲き出していて、今日はこれらに会うことを楽しみに登ってきた。しかし残念ながら草原は全て刈り払われて茶色に枯れた笹が横たわっている。この一カ月の間に山道と山頂の草刈清掃が行われたのである。この前二、三十㎝に伸びて笹の間から首を出している秋の草花があったがこれらは全て刈られている。今年は高草山の花野は残念ながら見られないだろう。

オトコエシ

高草山の草刈りは地元の人たちによって年に三～四回行われている。登山道は整備されるし山頂は美化されるので、登山者にとってはこんなに有難いことはない。五～十月の間は二カ月間草を刈らないと繁って道が塞がってしまうのでこの作業は是非とも実施して頂きたい作業なのである。

実は、ここに挙げた秋の花は草を刈ることによって生存している植物といえる。土地が肥えていて日が当たる所は植物の生育に良い場所である。こうした場所を放って置くとススキ、タケ、カラムシ、クズなどの生育の良い高茎の植物に覆われて、地表に日が当たらない。背の低い、生育の遅い植物は競争に負けて絶えてしまう。秋の植物は遅れて生育を始めるので草の繁る場所では育たないのである。従って低山や里山で秋の草花が咲く場所は人が手を入れて草を刈ってきた所なのである。秋の草花はほとんど一年草か宿根草で毎年地上部は交代をするので、草を刈ってやらないと秋の草花は絶えてしまう。人が永い営みの中で草を刈ってきたので秋の花は咲き続けてきた。田や畑や、道や林を守って、定期的に毎年草を刈ってきた所で秋の草花は命を繋いできた。期せずして人が守ってきた植物たちなのである。

今の高草山の山頂は草が刈り倒されて緑色が全くない。草花は刈り取られたが株元は残っていて、これから芽を出すかもしれない。草原は日がいっぱい射し込んで生育条件はいい。秋の草花は草刈りに強いといえるし、温暖な静岡はまだ二カ月は生長する時間がある。今年はこれから、背丈は低くとも高草山の「花野」が見られるかも知れない。

## 十一月の中央東尾根コース

**秋が深まって風が冷たくなり、遠いアルプスは雪が降って白い姿を現す。冬を間近にして、暖国静岡は小春日和のよい日が続く。山道には野菊が咲き、いろいろのどんぐりの実が落ちてくる。山で秋の蝶にも出会い、木々はようやく色づいてくる。**

十一月の中旬に高草山の稜線から北東側に長く伸びた尾根を登った。高草山の稜線にある富士見峠の北の小ピークから突き出た尾根である。

国道一号の廻沢口バス停から歩き始める。舗装道路が沢に沿って南に向かっている。山が両側から迫って谷間を行く感じで、両側の杉や雑木の林の所々に茶畑があり、上の方にみかん畑も見える。この奥に人家があるとは思えない狭さである。日がうらうらと照る小春日和で、秋が深まった山峡《やまかい》の道をのどかに辿って行く。

アサギマダラ

ウラギンチョウ

アサギマダラが飛んでいる。この蝶は低山で六月に生まれて、夏は高い山で避暑をして九月に低山に降り、秋が深まると里でも見ら

クロコノマ

落葉に止まったクロコノマ

Nov

れる大きな美しい蝶だ。クロコノマが岩陰から飛び出した。林間の地表に止まる落ち葉色の目立たない蝶だが、大きな秋の蝶といえる。ウラギンチョウも飛んで来る。この三種類は代表的な秋の蝶だと私は思っている。他の季節にもいるがあまり見ることがなく、秋になると数が多くなり、他の蝶が姿を消す中で秋が終わるまで飛んで山を賑わしてくれるお馴染みの蝶である。

　アキノノゲシが菊科の形の淡黄色の花を咲かせている。菊科のどこにもある背が二mにもなる秋の雑草であるが、花は優しい。環境によっては二十cmと小さなままで花をつけているものもある。ヨモギとオオアレチノギクも相似た姿で白っぽい花を着けている。ヒガンバナは、秋に咲いていったん消えて、十一月に葉を出して芳草青青《ほうそうせいせい》、美しい草むらを作っている。

アキノノゲシ

オオアレチノギク

ヨモギ

シロヨメナ

ヒガンバナ

秋の野山を代表する花といえば野菊であろう。典華な気品を備えて風情がある。廻沢のような平地が少なく日当たりの少ない山間の、しかも手入れの行き届いた道端や畑脇には他場所ほどに野菊は見られないが、それでもかなり咲いている。花は菊らしい白か薄紫色の舌状花を広げ、中に黄色の管状花を持つ頭花を着ける。一番多く見掛けるのはシロヨメナである。ヨメナは小枝の先に一個の花を着けるので少し寂しい感じがあり、葉に毛がなくざらつかない。花は薄紫であるが、シロヨメナは白に近い。葉は卵状長楕円形で先の半分に鋸歯がある。ノコンギクも葉は似ているが表裏に短毛があってザラつき、幅があって鋸歯も鋭くない。頭花は散房状に沢山着くので賑やかである。野山に多い普通種で、花いっぱいにこぼれんばかりに咲いている野菊はノコンギクと考えても良い。ユウガギクは葉が中裂し切れ込みが深くなる。高草山にはシラヤマギクもある。ユウガギクに似ているが花が白く、つぼみも白い。

ノコンギク

　リュウノウギクは葉が三中裂し樟脳のような強い匂いがあり、ノジギクは五中裂するので、これらは菊らしい葉形をしている。これらは普通種ではあるが高草山では見られない（記録はある）ので残念だ。藤枝市の北にあるビク石山は良いハイキングコースが何本もあって人気がある山で、ここからの高草山は一際見応えがあるが、ここにはリュウノウギクがある。

リュウノウギク

　山野に自生するキクを野菊と呼ぶがその種類は多い。花の姿はほとんど差がなく、花の着き方や葉の形などで見分けることになる。日本は世界に冠たる菊の国で、江戸時代から庶民にも親しまれ改良されて発展した。秋になれば日本中で菊花展が開かれる。そして野菊は山野を美しく飾るので登山の楽しみになる。秋を探しに行くことは野菊を探しに行くことになろうか。

　二十分ほど歩けば廻沢の集落に着く。沢に道が沿い両側に住宅が一列に並んでいる。狭い川は岸を石垣で積んで垂直に作ってあり、川面にいろいろの木が張り出している。椿、栗、桃、槙、もみじ、さざんかなどがあり、昔からの山間の生活の様子が偲ばれて、懐かしい風情がある。各戸に柿が稔っている。次郎柿、富有柿があり、渋柿も大小がある。大きな吊るし柿を干していた婦人は大きいので乾くまでが大変だと言っていた。しかしこうした山間では柿は非常食として貴重なものであっただろうし、現在もその名残のように多くある。柿のある山里は、柿の葉が真っ赤に紅葉し赤い実がたわわに稔り、秋の山里の景色を美しく心豊かに演出している。

　集落を過ぎて相変わらぬ狭い谷間を行く。日当たりも少ないし、さすがに晩秋の道には咲く花も少なく寂しくなっている。ハキダメギクが道沿いに群生して小さな白い花を咲かせている。カタバミも黄色の小さな花を着けている。これは冬でも咲くので一年中花を咲かせる、どこにでもあるお馴染みの雑草で、若葉は緑色だがすぐに茶色になる。イヌタデ、ツユクサなども咲いている。

　この道は高木の林で日陰が多く、飛び飛びにある耕作地は日が当た

ビク石からの高草山

柿の稔る里

ハキダメギク

っていて明るいが、道草は綺麗に刈られている。秋が終わる頃農家は草刈をする。草はもう生長しないので春まではすっきりとした道になる。

廻沢から二十分ぐらい歩くと車が何台か置ける明るい場所があって右に車道が分かれる。ここを入って行くとすぐに茶畑がありS字カーブになって、なぜかキリンビールと書いた小屋がある。

ここから百m先の茶畑を過ぎると石垣がある。急傾斜を石垣で十数段の段々畑を作ってクヌギが植えられている。クヌギは椎茸のほだ木としては最高で、暖国で栽培の多い木である。クヌギはクリの木に似て、葉もそっくりである。実も違うが、葉裏がクヌギは緑で、クリは淡緑色で淡褐色の軟毛があり茶色っぽいので区別できる。トベラがあった。これは小さな木であるが、放射状に広がる葉は目を引き、実を着けている。

トベラ

ここに中電No-28という赤い杭があって登り道がある。登山道の印はなく中部電力の鉄塔管理道である。人はほとんど通らず知る人の少ない道であるが、道形は付いているし階段もできている。急な登りでジグザグ道は小石が多くザレて登り難い。杉林に変わっても道はずっと急で、林床にはアオキが多い。大きな葉を持ったオオツヅラフジも地を這っているが、なかには杉の木を伝って十mも登っているものもある。ここは北向きの斜面なので日当たりは悪く植生も貧弱で、杉の木の間に向かいの満観峰からの稜線が時折見える。モズの声が賑やかで、トトトトトとコゲラのドラミングが聞こえる。杉の倒木が多くなってミズヒキなどの下草が多くなると尾根に出る。分岐から二十分で到達する。

オオツヅラフジ

尾根では景色が一変する。コナ

ラが主体の明るい尾根である。右手十m先が尾根先端のピークになっていて高圧電線の28番鉄塔が立っている。

ここには二月末にダンコウバイが咲いた。濃い黄色の花は早春の山ではよく目立った。大きな葉は先に少し切れ込みが入って三分するのが特徴だ。

この尾根は長大で先端が少し北に回り込んでいるので、前に谷が入り込んで高草山の裏面が正面に見渡せる。高草山の裏面は表側とは全く違った様相をしている。表側は日当たりも良く耕作地が発達していて林相も多彩で車道も複雑に発達している。裏側は北を向いて急峻で植林した杉に覆い尽くされていて、広葉樹と竹林も混じっている。高くて深い黒森で人を寄せ付けない雰囲気があり、東尾根より北側には一本の道もない。それでも今日私はこの東尾根を登って主稜線を北のピークまで行って、道のない森を廻沢に抜けようと思っている。

この東尾根は一部に急な場所もあるが総じてなだらかで稜線歩きのような楽しい場所である。コナラの多い明るい道は高草山では異色で、どこか別の山を歩く感じがあり、これから紅葉が始まれば一段と色彩豊かになる。

ブナ科の木が多い。ブナ属、コ

コゲラ

中央東尾根（鉄塔）

コナラ

ナラ属、クリ属、シイ・カシ属などの仲間があり、ドングリが成るのが特徴である。ドングリの形は種類によって異なるのでその形で種類が分かる。殻斗《かくと》というお椀のような部分に堅果《けんか》が収まっていて、それぞれいろいろな形をしている。ドングリは秋の稔りの主要なもので森の動物にとっては大事な食糧である。ここではコナラが主役である。白い木肌が割れて特徴のある模様が出る。黄色に紅葉する。太いクヌギも混じっている。コナラは標準形のドングリで、クヌギは大きな球形で殻斗は長い鱗片が密生する。

クヌギ

シイも大木がある。小さな黒く丸い実を着けるツブラジイである。私にとっては子供の頃、お宮の森で沢山拾い集めて、平鍋で炒っておやつにした懐かしい木である。シイの木はスダジイもあってこちらは実が少し大きく長いがこの山では南斜面で見かける臨海性の木である。この仲間であるクリは丈夫な針のイガで覆われ、カシワはクヌギに似た実を着ける。この尾根にはアラカシも多い。普通によくある木で、ドングリといえばこの実が代表している。ここでもカシの木はいっぱいの実を着けて道にも沢山落ちている。秋はドングリの季節なのである。いろいろなドングリを拾い集めて比べてみるのも楽しく、ドングリで木の名を言い当てられるようになれば楽しい。木の幹には特徴のある模様があって、木肌で樹種が特定できるものがある。これも木に親しむ一歩になる。

これは何という木かな？

この尾根は自然の混交林で他にもいろいろな木がある。ヤマツツジ、ウルシ、ヌルデ、マユミ、サンショウ、サクラ、ケヤキなどの紅葉する落葉樹がある。クス、タブ、ツバキなど照葉樹もある。

この支尾根を行くと岩が多く両側がその削げ落ちたやせ尾根になっている。ユーラシアプレートの東端に乗っている日本列島は二千〜千五百万年前に日本海が割れてできた。百五十万年前の白亜紀の造山活動で玄武岩質の南アルプスができ、その南に高圧変成岩帯が顔を出している。高草山もその頃に海から盛り上がった。伊豆半島は太平洋プレートに乗ってハワイの方から島が流れ着いたものだが、静岡県の山はいずれも火成岩の山で硬い玄武岩やその変成岩で出来ている。

山が軟らかならばやがて丸くなり丘になるが、硬い岩の山はいつまでも高く険しく立っている。静岡県の山は急峻で、表面が削られても芯が残る。痩せ尾根はそうして出来たもので静岡県の山には多い。こんな所にも壮大な地球の歴史があり地質の変遷の一端が垣間見える。

ついでにいえば、洪積紀という時代は人類の発生と重なる新生代百六十万〜一万年の間であり、四回の氷河期と間氷期の繰り返しがあって、最後になる三万年前には海面が百四十mも下がって日本は大陸と地続きになってマンモスなどが渡ってきた。

今は四回目の間氷期である。新生代第四紀更新世に堆積平野が形成された。牧之原や三方ケ原などの洪積台地は六万年前にできた。そして新生代第四紀完新世は沖積世ともいい、二万年前から現在に繋がっている時代で沖積平野が出来た。高草山から見える地形の、志太平野は最近の一万年の間に山から土砂が運ばれて大井川などの大氾濫《はんらん》原から成立したものである。その前の洪積紀には浅い海が埋められて平野の基礎ができてきた。

四十六億年の地球の誕生から見ればほんの目前の出来事であるがここで目にする風景の成立の歴史に思いを馳せるのも面白い。

岩にはヒトツバ、マメヅタが着いている。乾燥した尾根などの岩場に特有なシダ植物である。

尾根が太く幅広になってきて急坂を上がると29番鉄塔に出る。鉄塔に沿って左側の杉林が幅十m、長さ五十mにわたってこの夏伐採された。景色のなかったこの場所から、正面に大無間山や南アルプスが見えるようになった。登山者としては楽しみが増えたことになる。ここは杉が切られて裸地が出たがもうパイオニア（先駆）植物が入っている。アカメガシワ、ウルシなどの木が多く、タケニグサ、ベニバナボロギクなどの草もある。日本の自然は旺盛で裸地には植物が進出してきてすぐに緑で覆われるようになる。

尾根を進んで行くと高木が増え、杉も多くなる。林床にはアオキが多くなり、道にはジャノヒゲやチヂミザサが増えてきて、そして高

チヂミザサ

ヤマハッカ

草山らしい景色に変わって30番鉄塔に到着する。ここにはヤマハッカが紫色の小花をかわいらしく着

ミヤマシキミ

けて群れ咲いていて明るい秋の風情がある。ミヤマシキミも林の中にある。膝たけ程度の常緑の低木で赤い実をつける。少し高い山に行かないと見られないので、ここにあるのは珍しい。

ここから五分で主稜線に合流する。尾根上のピークから四十分かかった。この合流点は高草山の頂上から北へ稜線上を約十五分の所で、富士見峠の次のピークになる。

この尾根は傾斜も緩く、四季の変化がある楽しいコースである。高草山の頂上から稜線を歩いてこの尾根を辿り、廻沢を通って国一に抜ける逆のルートは私のお気に入りのコースである。先端のピークからの下りは急傾斜で滑って悪い道だが、カールの底を辿る感じで普通に行けば間違いなく林道へ降りる。

さて今日はここから主稜線を北に向かって北端のピークを目指す。小ピークを二つ越すと「池の平」に出る。

池の平にはちょうど小学校の低学年生の百人ぐらいの大きなグループが昼食を広げていた。父兄や先生などが半分ほど混じっていてとても賑やかだ。稜線を辿ってきて大勢の人が通った跡があったので頂上からここまで来たことが分かった。小さな子供たちにとって高草山は手強い良いトレーニング場になったであろう。この登山を企画した人も、参加した子供も頼もしい。
　この子たちは日本の秋の美しい童謡や唱歌があるのを知っているだろうか。

「紅葉」詞高野辰之　文部省唱歌
秋の夕日に照る山もみじ
濃も薄いも…

「赤とんぼ」詞三木露風　曲山田耕筰
夕焼け小焼けの赤とんぼ
背われて…

「かあさんの歌」詞窪田聡　曲（アメリカ）オルドウエイ
かあさんが夜なべして
手袋編んで…

「夕焼小焼」詞中村雨紅　曲草川信
夕焼小焼で日が暮れて
山のお寺の…

「故郷の空」詞大和田建樹　スコットランド民謡
夕空晴れて秋風吹き
月影落ちて…

「旅愁」詞と曲　犬童球渓
ふけゆく秋の夜
旅の空のわびしき…

　これらの歌は秋の情景を詩情豊かに歌った叙情歌で、子供の頃が思い起こされて誰もが胸にキュンとくる。子供たちにも覚えて欲しいものだ。秋の深まった山で口ずさめばこれらの歌はしっとり心に響いて懐かしい。
　この山で秋の夕日を見た。真っ赤な太陽が広大な志太平野の向こうの粟ケ岳に沈んでゆき、赤い雲を残した残照の美しさが忘れられない。高山で日の出、日の入りを見ることがあるが、自分の住む平野を越して沈む日を、寒さに耐えて見ているのも感慨があった。山と秋と夕日は良い三点セットになる。そして高草山から見る夜景は宝石箱を覗くように美しい。この山の天空を走る道からは平野を近く、高くから見るのでその距離の位置が絶妙だ。平野に五色の光が輝いて目が眩むほどの眺めは、静岡県下の夜景の名所として観光誌などに紹介されている。日が落ち

た暮れ方に平野の光がどんどん増えて強くなる様子や明け方に輝いていた光が薄れて朝を迎える天と地上のショーも印象深い。

私がここの稜線で軽食をとっているとジョウビタキが飛んできてヒーヒーヒーと鳴いた。これは冬鳥なので季節はめぐってもう役者が交代しているのだ。そういえば夏鳥は九月末には見掛けなくなってしまった。暖国静岡の十月は夏鳥が去って冬鳥はまだ到着していないので山は鳥の鳴き声が少ない静かな空白の時期になる。もっとも漂鳥のモズとヒヨドリだけは早くも北から移ってきて特に声高に鳴いている。冬鳥はもう北国や高い山に来ているがここまでは到着していない。そして十一月には冬鳥が見られるようになる。季節の変化は早く、そうした自然の変化を敏感に感じられるのは山に入ってこそである。

キチョウ

ゆっくりと休んでいる間にキチョウが飛んできた。越冬を前にしてこの蝶は秋に数を増すようだ。モンキチョウ、ヒョウモンチョウ、アカタテハ、ヤマトシジミなども見つかる。成虫越冬する蝶もしない蝶も厳しい冬を前にして晩秋の日差しを楽しんでいるようだ。

ここから小ピークを三つ越すと茶畑に出て四等三角点がある。ここには丈の低くなった朽木をキズタが覆ってびっしりと茶色の実を着けている。マユミも何本かあってピンクの四角の実を溢れるばかりに着けている。まだ葉を着けているのでさほど目立たないが、葉が落ちるとピンクの実が、花が咲いたように浮き立ち、落葉した林の中では遠くからも見えて冬の山の彩りになる。マユミは四月に緑色の小花を沢山着け、樹下に緑の絨毯を作るほどの落花がある。六月にはあまりに沢山着いた緑の実を樹下に振るい落とす。秋に葉が

マユミの実

色づいて、まだ緑のうちに落葉する。落葉した葉は地上で内側が鮮やかに紅葉する。真紅に紅葉したマユミを人家の庭でみたことがある。葉を落としたマユミは鈴成りのピンクの実を現し、殺風景になった冬の林を彩り、花が咲いたように美しい。更に十二月には殻が割れて中から真っ赤な実が出て、この時期に落ちて樹下を赤くする。登山道を歩いていると赤い実が沢山落ちているのでマユミの存在がすぐ分かる。マユミは名前の響きも良く、花も実も考えられないほどの量を付けて道にこぼれ落ち、この山に多く、一年中関心を引き付ける私の好きな木である。

ニシキギもこの場所には多くある。錦木と書き紅葉の代表のような名で、小さいが真っ赤な紅葉が見事な木である。高さ二〜三mの落葉低木で枝にコルク質の翼があるのが特徴でよく分かる。実はもう熟して裂けて真っ赤な小さな種子が現れている。他の木がまだなのにこの木はもう紅葉が始まっていている。ツルウメモドキの実も黄色の殻が割れて中の赤い実が顔を出している。色が鮮やかでツルが独特なので生け花に使われるお馴染みの木である。マユミもニシキギもツルウメモドキも同じニシキギ科で秋の山を彩り、実が割れて赤い種を見せる。

ツルウメモドキ

ニシキギ

クサギは星形の赤いガクに球形の青い実を着けて、目立っている。似たものにゴンズイがあって、やはり真っ赤なガクが開いて黒い実を見せている。中型の木で、樹皮が黒緑色で縦に模様があり、魚のゴンズイに似ている。

次の明るい杉の林を越すとまた茶畑になる。この先が高草山の北の端のピークである。平野から望めば左の端が跳ねてコブのようなピークが見える。このピークに立てば、冬には北側に展開する南ア

ゴンズイ

クサギの実

ルプスなどの見事な眺望が得られる場所である。残念ながら昨年放棄された茶園が伸びて少し見通しが落ちたが良い展望台である。例年なら十一月に入れば白いアルプスが見られるようになるが今年は遅れているようだ。

　さて今日は、このピークから直進して、茶畑から北東の道のない尾根へ踏み込んで行こうと思う。このピークから先に道はないので引き返すほかない。昨年までは北西に降りる道があって、車道が二本この下まで来ているのでここまで簡単に登って来ることができた。この夏に会社の友人とここを下って廻沢に降りた時は直下の篠竹の笹原がすっかり伸びて人が通れなくなっていた。雨の翌日でこの密生した竹林を苦労して突破したが、竹の枯葉と埃や泥で四十ｍほどの藪を抜けた時は二人ともザックや衣服や顔が真っ黒になっていた。その先も道のないひどい所で、滑って転んで、廻沢に降りた時は人に見られたくない姿になっていて「このまま風呂行きだね」と二人で大笑いした。

　今日はどうなるのだろう。道のない初めての急斜面を下るのだ。ピークの標高は三九六ｍで平地の廻沢までかなりの高度差がある。どこへ着いても下には周回道路があるので安心だが、途中に何があり無事に降りられるか不安もある。私は標高二千〜二千六百ｍの笊ケ岳から青薙山や青薙山から山伏までの道のない藪山を地図と磁石を頼りに一人で歩いたこともあるのでさほどの心配はしていないが、不安は冒険心をくすぐって期待と興奮をもたらし、こんな低山で心躍る経験ができることを有難いと思う。私は意を決して前方の太い杉の木の間へ踏み入って行った。

　初めは尾根形があって下生えはなく、杉の落ち葉が降り積もって歩き易い。やがてヒサカキ、タマアジサイ、ヤマビワ、アオキなどの小潅木が多くなり、杉の倒木も増えてジグザグを踏むようになって歩き難くなってくる。尾根の高みが左によれて、やがて尾根が消えると、傾斜が俄に急になって木につかまらないと体が支えられなくなる。傾斜は五十度はありザレている。この辺りは杉もまばらでアオキなどの下生えも少なくなって手掛かりが少ない。それでもここからあの岩に足掛かりして、その向こうの木を掴めば良いかなどと岩や木の配置を読んで自分のルートを作って進む。足元は小石がザレて足が滑って体が止まらない。こんな時私の頼りは持って来た長い丈夫な竹の杖である。前方の斜面に突き立てて安定を確かめて手掛かり、足掛かり、滑り止めにする。それでも頼れない場所もあって、そういう時には前方の木まで無理をして伝い跳んだりする。仮に滑って転んでもその先の木が助けになるようなルートを取る。ここにはそんなスリルがある。最も急な所は数ｍで終わり、斜度が四五度を下回ると体が立つようになる。石の粒も大きくなって滑らなくなって安心できる。アオキが密生して、小杉になり、竹が混じってくる。ピークから二十分の所だ。

前方に尾根がせり出して来ているのが木の間越しに見えてルートを少し右に取る。いつの間にか真竹の林に変わる。全く人が入っていない様子で、竹の三割は立ち枯れている。倒れて前をふさいでいるものも多いが、そんな竹は乗れば折れ、触れれば崩れてしまってほとんど体を支える頼りにはならない。進んで行くと右手が高くなって尾根風になり、手前が谷になって崖がありその下から川が発生している。今日は水が流れていないが、川が生まれる場所は興味深い。谷の左側を数ｍ離れて下ってゆく。二度ほど滑って転んだ。まだまだうかうかと歩けない。下の方からザワザワと鳴る谷音が聞こえてきた。前方の尾根を区切る沢があるようだ。右の谷を越し尾根に渡って下の谷に近づいてゆく。谷が見えた時が先ほどから十五分経っている。谷の様子が悪いようなので谷に沿って十ｍの所を進む。竹の倒木がひどく歩き難い。谷が開けた所で谷に降りると四ｍの滝がある。ここを高巻きして二十ｍ進んでまた谷に降りた。谷幅は三ｍぐらいでここから沢下りになった。川は右手へ東向きに流れている。すぐに三ｍの滝がありこれはなんとか降りられた。大きな岩が沢を作りゴロゴロした岩も転がっている。倒れた竹や木が行く手の邪魔をする。流れは多くはないが

水は綺麗で元気にほとばしっている。砂地の小さな淀みもある。一カ所明るく開けた滑床《なめどこ》があって、水でうがたれた一枚岩の窪みを水が滑るように走っている。こんな人知れぬ美しい場所を私一人で見るのはもったいなかった。

大きな蛙が跳び出した。トノサマガエルのようだが、少し痩せていて手足が長く、薄黄緑色の背中が美しい。「日陰のトノサマ」と名付けたが、思い掛けないものに出会うものだ。

少し川幅が広がって谷も明るくなって、沢は左右に軽快に伝って行けるようになって、気分も快適になった。人の来た様子のないこの谷は、ミニチュアながら沢下りの楽しさを味わわせてくれた。やがてかすかに踏み跡が現れてそこから五十mで川に出た。ちょうど廻沢の集会所の丸木橋の所で、頂上から五十分であった。振り返れば降りてきた山は険しく、鬱蒼とした深い森になっていて、よくもこんな所を降りて来たという景観である。

山は落葉樹が大分色づいて、紅葉の季節が近いことを知らせていた。

## 十二月の坂本Bコース

**暖国静岡は十二月になってようやく華やかな紅葉の季節になる。しかしその輝きの時期は短く、すぐに落ち葉散り敷く冬の山に変わる。霜枯れの道で草はロゼット形に姿を変え、木は冬芽を硬く閉ざして冬をやり過ごし、春に備える。**

秋色の林叟院と高草山

この一年間、月毎に違うコースを歩いて、最後の十二月は林叟院Bコースを歩くことになった。坂本の住宅が切れると沢が左に入ってゆく。ここに石の寺門があって、野鳥の巨大な絵看板が立っている。林叟院のコース全体が「野鳥探訪地」になっている。山の底部は寺域で、深い照葉樹林と広い落葉樹林があり、中ほどには適度に林が残る耕作地があり、上部は明るい混交樹林になっている。小さいが沢も平原状地もあって各種の鳥の棲息に良い環境があるようで、野鳥の種類が多い。もう冬鳥が渡って来ていて鳥の声が騒々しい。

林叟院の境内ではヤマブキが黄葉した。イチョウが日の光を受けて黄色に輝いている。遅い秋がようやくここまで到達した。ケヤキは褐色に紅葉するが、もうほとんど葉を落としている。

ヤマブキ

ケヤキ

イチョウ

イロハカエデ

イロハカエデの実
（8月）

イロハカエデはまだ青いものが多い。山では最も遅く紅葉する。葉が七つに分かれているので「いろはにほへと」の七文字のイロハの名が着いている。夏に羽根のある翼果というプロペラ形の赤い実を着け、竹トンボのように風に乗せて遠くに飛ばす。この山ではほとんどがイロハカエデであるが、「焼津の植物」によればモミジ類はウリカエデ、イタヤカエデ、ウリハダカエデなども記録されている。

特に紅葉の美しいイロハカエデ、オオモミジ、ヤマモミジから多くの園芸種が作られている。いずれも七つに裂けた葉を着けるが、オオモミジは北国、ヤマモミジは山地にある。暖地の紅葉の名所はほとんどがイロハカエデと思って良く、赤が鮮やかで特に美しい。葉は小さく沢山着く。

葉緑素が光合成で植物の栄養分を製造して、秋には役目を終えて分解する。葉の緑色が分解して消えると葉に元からあったアントチアンの色が現れて紅葉に変わる。植物の種類によってはカロチノイドが現れて黄葉になる。日本のカエデ属には二十余種があり、葉の形で種類を覚えればよく、紅葉の山に入る楽しみである。大井川や安倍川筋の山に登ればさまざまのモミジに出会うことができる。ハウチワカエデは大型の九裂掌状で大木になり天狗のうちわの呼び名がついた。オオイタヤメイゲツは十一裂で重鋸歯がある。ミネカエデは重鋸歯で二カ所が深裂し五角形になる。イタヤカエデ、テツカエデなどにも出会う。モミジは華やかな光彩を放って秋の山を飾ってくれる。北国や高い山や渓谷の全面紅葉や名所の美しい紅葉は一年の掉尾《とうび》を飾る最高の見せ場で、紅葉好きな日本人が押し寄せる。

今この山は紅葉の季節を迎えて明るく装っている。普通の低山の紅葉は自然のままなので際立った美しさはないが、個々には美しい木も散在するので気に入った木を捜して山野を逍遥することになる。

登山道は沢に沿って左に入る。少しで沢を離れて右にみかん畑の中へ入ってゆく。十二月中旬はまだミカンが黄色に実っていて綺麗だ。丹精の精華ともいえる豊かな秋の稔りの景色である。温州みかんは日本の特産で、美味しくて食べ易い世界に誇れる果物である。

みかん畑を越すと登山道はススキの斜面を斜めに登ってゆく。ここでは種々の花に出会える。今日も十二月というのに咲いている花がある。ムラサキツユクサ、ノゲシ、ノコンギク、イヌホオズキ、カタバミ、ムラサキカタバミ、トウバナ、ジシバリ、ホトケノザ、タンポポがある。南面する暖かい斜面には秋の花も残っているし、春の花ももう咲き始めている。アキカラマツも白い花弁に黄色のオシベが見えて美しい。ここには野生化したようなエリカが何本かあって毎年早春に赤紫の花を着けるがもうつぼみが大きくなってきている。

今年は終わろうとしているが、今年の日本も異常気象があって三月が高温、八月は超冷夏、九月は超高温、十一月も超高温で多くの気象の記録を書き換えた。例年十一月になると一〜二回は冬型の気圧配置ができて寒波が入り、木枯らしが吹き、時にはみぞれが混じったりして冬が深まってゆく。しかし今年の十一月は最低気温がなかなか十度を割らず、紅葉も遅れて随分とバラツき、紅葉の名所も美しい眺めが得られなかったようだ。

十二月の中旬になってようやく寒波がきて最低気温が五度を割るようになった。紅葉は最低気温が八度を割ると始まるという。高草山にもようやく紅葉のシーズンが訪れたのである。暖国静岡の紅葉のシーズンは十二月になってからと遅いが、今年は更に遅れて始まった。それでもこれで遅れていた木も一気に紅葉が進むだろう。

この斜面から見れば向かいの尾根は紅葉がかなり進んでいる。

紅葉は山から降りて来る。真っ赤な紅葉は少ないが、混交林なので常緑樹の中に茶色と黄色がある。茶はケヤキやナラ類で黄はアカメガシワ、クサギ、ヤマビワなどを主体にいろいろの木が混じっている。

草地の先は照葉樹の森になる。しばらく林縁の道を行けば真っ赤なウルシの紅葉がある。薮椿が一輪狂い咲きして目に鮮やかだ。風が吹いて赤、茶、黄色の葉が雨のように降ってきて、まさに落ち葉の季節を体験する。登山道は枯れ葉の上に新しい色美しい落ち葉が降り積もってカサコソと歩くのは気持ち良く、秋の山歩きの醍醐味である。

紅葉の季節は短い。サッと紅葉して、アッという間に落葉する。この時期の山の変化は特に目まぐるしい。十二月の下旬には山の木は葉を落とし、葉が落ちれば冬枯れの景色に変わり、季節は急回転して冬が来る。登山者にとっては山が明るく、見晴らしも良くなって、低山は冬山ハイキングのシーズンに入る。

森に入って行くと傾斜が強くなって道がジグザグを切り、間もなく尾根に乗る。ここにはヒトツバとミゾシダがあり、ヤブコウジが赤い実を着けている。アリドオシが沢山あって赤い実があるはずだが着いていていない。日当たりが悪いからだろう。

ここは高木の照葉樹林にふさがれて地表にはあまり光が差して来ない。ほとんどはシイの大木だ。この辺りも沿海性のスダジイなので不思議な感じがあるが、昔は海が近かったし、今も近いといえるのかも知れない。これから北はツブラジイに変わる。

照葉樹の森がここにあるのは、ここが林叟院の後背地で寺領になっているのだろう。シイの他にはクス、クロガネモチなどが見られ、一年中変化の少ない常緑の森である。

森を抜けると茶畑がある。ここにマメガキがあって、地上に二センチほどの楕円形の小さなカキが落ちている。秋にまだ柿が青いうちに集めて発酵させてカキシブを採る。柿渋は紙に塗って乾かせば、紙が丈夫になって防腐効果があり、防水ができるので昔は最高の化学物質であった。渋うちわ、雨合羽、茶櫃《ちゃびつ》などにした。

柿も茶もその渋は植物タンニンで化学構造は似ていて、蛋白質と化合して固定するので動物の皮をなめして革にする力があって、非常に重要な物質であった。以前マメガキは農家の大切な作物として植えられたので、山ではよく見掛けたものだ。

シナノガキは山に自生する柿で、葉柄が長く、一・五㎝くらいの小粒な楕円形の実をつける。マメガキは中国原産種で実が丸く、わずかに大きい。柿渋を採るために広く栽培されてきた。野生の柿のヤマガキもある。小粒の柿で、現在食用にしている柿の原種なのだろう。

この脇に大きなカゴノキがあり、見事なヒガンザクラがある。根元

Dec

から五本に分かれた太い幹が立ち上がって枝が空いっぱいに広がっている。春には他より十日先駆けて大振りの花を咲かせ、毎年沢山のメジロを集めている。私は高草山ではこの桜が一番気に入っていて、開花時期に合わせてここに登ってくるのを楽しみにしている。

メジロ

　メジロは秋の山には特に多くなる。漂鳥なので寒くなると北にいたものも南に集まってくるからであり、特にみかん畑に集まっている。メジロ獲りは子供の頃の山の遊びであった。自分で竹の鳥籠を作って囮《おとり》のメジロを入れ、モチノキの皮から取ったモチを枝に巻いて半切りにしたみかんを刺してメジロを獲った。中学生頃の秋の山の楽しい遊びの一つであった。当時はメジロは自由に獲ってよかったが現在は届け出が必要で一羽のみ許可される。昔も今も山にはメジロが多い。みかんも柿も好きだが花の蜜も好きで椿、梅、桜に集まって秋から春まで里山では最も数が多い。美しい緑色はウグイス色で、ウグイスと間違えられている。普通はチィーと鳴くだけであるが、春にはチュルルルと美しい声で高音を張るようになり飼育する楽しみがある。

　山道が平らになった辺りはコジュケイ一家によく出会う。昨年まではタヌキの貯糞《ためぐそ》があった所だ。タヌキは巣があり、一カ所に糞をしてうず高く積み上げる習性がある。コジュケイも低山の林の中の薮に住みついて地上を歩きながら餌をあさる。鳥でありながら飛ぶことはほとんどない。年二回繁殖するので家族の群れの中に大きさの異なる子供がいるのが普通である。

　この道の上でヤマノイモを掘っている人がいた。ヤマイモ掘りの好きな人がいて秋になると張り切って縦横無尽に山を歩き回る。道端のものはすぐに取られてしまうので道のない所へ踏み入って行く。秋遅くに山道を歩いていると不意に道のない所から人が出てきてびっくりすることがあるが、それはヤマイモ掘りの人だ。ヤマノイモは秋の山の最高の贈り物だ。採取時期は葉が黄色になって落ちてしまうまでの晩秋の一カ月ぐらいしかない。この時期に美味しくなるが、葉が落ちれば山を歩いても見つからない。ヤマノイモはムカゴという実を秋にツルに着ける。炒ったり、油で炒めたりすれば最高のおつまみになるが、この種から三～四年で根が食べられる大きさになる。

ヤマノイモ（7月）

ヤマノイモ（10月）

　ヤマノイモを掘って地下の芋を掘り起こすのは非常な重労働で技術も要る。一m近い大きな芋を折らずに掘り出せば最高の喜びであり、自慢である。何年も生長した芋は大きくなって価値も出る。ヤマイモ掘りはそれを目指して山野を跋扈《ばっこ》する。ヤマノイモは地下深く芋が伸びるが、上の数cmの所は細くて食べないのでここは蔓につけたまま元に埋め戻して欲しい。ここから出た根は生長が早く二、三年で食べられるまでになるという。掘った場所は自分が覚えていればまた収穫できる。掘った穴を埋め戻すことと、根元を残して植え戻すことはマナーとして是非とも実行すべきである。ヤマイモ掘りにマナーの悪い人がいて、大きな穴がそのまま残っている所を見掛けるが、ヤマイモ掘りが里人に

ビワ

オニドコロ（8月）

嫌われ、掘り取り禁止や入山禁止になってしまうのは残念なことである。他人の土地に踏み入って取る山の幸は、マナーを守って感謝して頂いて欲しいものである。オニドコロは葉がヤマノイモに似ているので紛らわしい。いずれも八月に花をつける。

　ビワの花が咲いている。十二月に咲く花は稀であるが、六月に実を結ぶために必要な時なのだろう。

　森を抜けると山頂が見える。行程としてはまだ先が長く山頂は遠い。車道に出るがここは車溜まりのようになって広く、車道がスピンしている。ヤマウルシが真っ赤に紅葉している。隣のカラスザンショウ、ヤマハゼの葉も赤い。壁に這ったツタの赤も燃えるようだ。錦秋の秋は明るく、目に鮮やかだ。

　ここは早春にキブシが咲き、夏のハコネウツギも華やかだったし、先頃まで咲いていたヤクシソウやノコンギクも印象的であった。夏に道脇の日陰に寝そべって蝉の声を聞きながら休憩したのもつい最近のことのように思われる。

ヤマウルシ

ヤマハゼ

ツタ

錦秋

車道を離れて山道を登るとすぐに茶畑になる。以前ここで働いている人からお茶の話を聞いた。茶畑の管理や収穫、価格などの苦労話であった。最近はコナカイガラムシが付いて早めに台刈りをして幹を消毒して光と風を当てないといけないという。暑くなった気候が原因らしい。

二度目の車道に行き当たった所には山萩が群落を作っているが、秋に咲いた花はさほどの見栄えはしなかった。見晴らしが良くなって北側の尾根もすっかり紅葉して秋景色だ。

この上の小さな草地はいつも何かの花が咲いていてくれる。今は何もないが、隅にサネカズラ（ビナンカズラ）が丸い見事な真っ赤な実を風に揺らしていた。丘のようになった良く管理された茶園の頂上を越せば、右手の下に笛吹段公園が見えてくる。良い憩い地としていつも人が来ている。今日も二組の家族連れが輪を作っている。冬になっても山を楽しむ術《すべ》を知っている人たちがいるのだ。

サネカズラ

茶畑の先は急坂になって道がジグザグになり、明るい林に入って行く。ヤシャブシの古木があり、桜、ケヤキ、タブなどが混じった林である。中頃に横道があって、美しい純林のヒサカキの林に入っていく。その奥方に立派な石積みの古墳がある。荒れた茶園で草が立つことの多い道だが道脇の草花は季節ごとに変化がある。

茶園に出て三回目に車道に出た所の法《のり》面にはコシダの群生が、枝分かれして密生している。裏が白くウラジロシダと似た性質と分布がある。ここにはヤシャブシがあって葉を落とした枝にはもう黒くなった実がいっぱいだ。マヒワが実をつついている。ジュクジュクと鳴く茶色の小鳥であるが、キ

ヒサカキの林

コシダ

マヒワ

ヨキヨキヨと鳴きながら飛び羽根の黄色が目立つのでよく分かる。

ヤシャブシなどのハンノキ類の実が好きだ。冬鳥でありこれから山や里で多く見掛けるようになる。

　茶畑が終わると林叟院Aコースと合流する。Aコースの百五段の階段の上で、ここから頂上までは十分で着く。このBコースの上部はずっと尾根筋で見晴らしが良く気分の良い道なので前方の景色を見ながら歩ける下山道に利用すると良い。既に紹介したように高草山には沢山の登山道があって、脇道、枝道、農道があり、車道も縦横に走っているので、いろいろの道を繋げて登り道と下り道を変えて歩くことができる。私は出来る限りそうして、時には道のない所を歩いて強引に道を繋げたりして山を楽しんでいる。

　合流点から先は樹林になって見晴らしはない。広くて明るい道で、沢山の道が合流しているのでこの道は人に踏まれて草も生えにくい。そして今は冬枯れて何もない寂しい道になっている。朝早く登ってくれば道に霜が降りて白く光っている。

　この道は一部でオオバコが道を覆っている。オオバコは踏みつけに特に強い草で、他の草は無理でもオオバコだけは生きている。茎が強く子供の頃に茎を絡めて擦って強さを競って遊んだものだ。オオバコは沢山の種を着けるが、粘

オオバコ

る液を出して靴などに付いて運ばれて点々と着いて道に沿って繁殖していく。巧妙で旺盛な生命力がある草で、登山道や山道でオオバコだけが生えている場所があるのである。

冬の道の草はロゼットを形成している。オオバコがその代表的な植物である。オオバコは踏み付けに強く、道では背を伸ばさず地面に葉を広げる。冬の草は茎を伸ばさず、むしろ茎がないように縮んでいる。秋に葉を出した草は冬には生長を止めてじっと寒さに耐える。寒風にさらされ、動物に踏まれたりして傷も着く。冬を乗り越えるために姿勢を低くして、茎や葉を丈夫にし、放射状に葉を出して地べたに円形にへばりついた姿がロゼットである。一年草は春に種から芽を出して花が咲き秋には種を落として枯れて姿を消す。二年草は秋に種から芽を出し葉を広げるが、冬は縮んで過ごし春にいち早く成長を始める。宿根草も二年草と似ているが、根が残り根でも繁殖する。ロゼットを作る草は二年草が多い。オオバコ、タンポポ、スイバ、アザミ、アレチノギクなどがある。冬の野山を歩いて冬を越しているいろいろの草の姿を観察するのも興味深い。

タンポポのロゼット

アザミのロゼット

頂上からは富士山が良く見えた。もうすっかり雪の衣を身にまとって美しく装っている。三十名ぐらいの団体が食事を取っている。今日は快晴で、初冬の山頂は明るく賑やかだ。

双耳峰の高草山山頂の北のピークは南のピークから二百m北にあるが、ここから今日は南アルプスの白く輝く姿が見える。半年ぶりの勇姿だ。初夏に雪が消えると遠いアルプスはほとんど見えなくなって存在すら忘れてしまうが、秋に雪が降ってまた姿を現し高い山に冬が来たことを知らせる。例年十月には根雪になる雪が降って、十一月には山が白くなって季節の

Dec

到来をいち早く知らせてくれるのである。最近はすっかり常態化した異常気象は、今年の十一月も異常高温で高山に雪が積もらなかった。富士山は高いのでさすがに早く白くなったが、アルプスはどこも雪が遅れた。南アルプスは平年に一カ月半遅れてようやく先週寒波がきて白い姿を現したのである。私は久しぶりの遠い雪山の眺望の、眼福の栄に浴し、山頂を後にした。

林叟院Aコースを下って車道に降り立てば一気に眼下が開ける。今日は快晴で風が強く、伊豆半島がくっきりと大きく近くに見える。駿河湾は見たことがないほど青く、沢山の波頭《なみがしら》は白ウサギが跳ぶように伊豆をめがけて寄せている。季節が動いて冬が来たことがこんな景色にも感じられる。

そういえば前回ここは雲の垂れ込めた寒い日であった。雨は降らなかったが時雨になるほどの天気であった。天気の悪い日の山登りは寒くて陰鬱だ。高草山でも霧や雨の日の山頂などは高山の雰囲気になって幽玄の世界が現れる。厳しさと孤独を求めてそんな山を歩くのも良い。

後ろ姿のしぐれてゆくか

これは山頭火の自由律の句である。名句として有名で、時雨の寂しさを先の短い自分に重ねていて、この季節には思いだされる。

年長けてまた越ゆべしと
思いきや命なりけりさ夜の中山
風に靡くふじの煙の空に消えて
行方もしらぬわが思い哉

先の歌は西行が若い時以来、六九歳で二度目にここを通ったときのもので、私は中学生で習っている。よくここまで生きてきたという命への深い感慨は当時の私には理解の外だっただろうが今も忘れてはいない。次の歌もこの時に「田子の浦」辺りで詠んで、富士山が噴煙をあげていたのが分かるが「年たけて」の歌を受けて「行方も知れぬ」私のこれからどうなってしまうだろうという旅と晩年と命の先行きへの思いが重なって伝わってくる。「小夜《さよ》の中山」は金谷から掛川の間の峠道にあって、ここを歩けば芭蕉の西行からの本歌取りの句にも行き会える。西行への私淑の念がある。

命なりわずかの笠の下涼み

十二月という月には暮れてゆく暗さと寂しさがあって、人の晩年と重なってくるものがある。還暦を過ぎてこれらの歌が身につまされてくる。一年でもいろいろの出来事があり、一生でもそうである。この先「どうなっているか」は大きな関心事である。晩年に「どうあるべきか」「どうしたいのか」を考え、決め、進む必要がある。

今年は高草山を精力的に歩いて十二月になった。自然の変化を見てきていろいろの知見があった。自然には活力と神秘があり、華やかさと哀しみ、厳しさと忍耐、成長と衰退があった。自然に触れ、四季を感じ、動植物に癒された。

山は楽しい。

山は魅力的だ。

山は元気をくれる。

高草山は市街地に近く立つ低山であるが踏み入れば山は大きく、自然の大きさと深さを見せてくれる魅力的な領域であった。近くにこんな場所があって手軽に登って楽しませて貰ったこの低山に感謝して、私は山を歩いたこの一年を思い出しながら山を降りていった。

## 高草山概観

高草山を歩いて、一年を十二カ月に分けて自然観察した。私がこの山へ通いだしてからこの本をまとめるまでに六年を要している。最初の二年間は自分の健康と高山へ登る体力強化のトレーニングのために登っていた。そのうち高草山の自然、歴史、文学などの関心が高まり本にできないか考えるようになって二年経った。五年目になって文章を書き、写真を撮った。六年目は文章の内容確認と写真の補充をしてこの本が出来上がった。

コシノコバイモ

この本は山で見聞《みきき》し、感じた事柄を広く取り上げて山の全体像を伝えたいと欲張って守備範囲が広がった。

草と木、虫と鳥と獣。

遺跡や寺社などの歴史。

文学や碑文などの文物。

これらを記事にするに当たっては、図鑑などの本を買って、図書館にも通った。私自身はそれらの分野で素人なのでそれなりに勉強した。

高校生の時、生物部で植物や昆虫の図鑑と格闘して、その扱いには慣れていて、今回難しいものは市の図書館の大きな図鑑で調べたりした。特にシダ、スミレの仲間は図鑑を買って入念に同定した。そして植物の写真を静岡大学・農学部の湯浅先生に見て頂いた。これらの積み重ねで、種の同定などで一応自信の持てる結果を得たと考えている。近似のものがあって、より細かな分類をして種名を判定すべきものもあるが、静岡県の低山のフィールドで自然に接するにはこれで十分に思われてやめたものもある。あまり専門的になることははばかられたのである。生育場所をわざとぼかした種類もある。数の少ないもの、貴重なもの、食用になるもの等はあまり人前に開示しないほうが良いものもあるからである。

この本に記載した植物はおよそ四百種類であるが、花が綺麗だとか、いわれのあるものなど、自分が気になってよく目立つものを取り上げた。しかし高草山の植物はこの幾倍もある。平成8年刊行の「焼津の植物」では高草山地区で約千三百種類の植物が報告されている。

シダやスミレの場合のように、

種の判別が難しいものもあった。そして小さいとか美しくないとかで目立たないので無視したり、なによりも自分が知らないので見過ごしたものは多いだろう。しかし、それでもここに記載した種類は多い。たった一つの山で、それもこんな低山で気を引く植物がこんなにも多いのは驚きである。高草山の自然は当初私が感じたよりはるかに大きく魅力があった。

高草山は特に植生が豊かである。県下ではこの山でしか見られないような植物がある。キスミレ、オオキツネノカミソリや超貴重種のコシノコバイモなどはもうほとんど高草山でしか見られなくなってしまったようだ。オドリコソウ、ニリンソウ、エイザンスミレ、トリカブトなど私の憧れの植物もあった。夏にウグイスやアサギマダラもいるし、高草山固有変種のミヤマカラスアゲハも見られる。五百mの低山なので低山や里山的な特徴はあるのであるが、高山的なところもある。

高草山で、生育数が少ない貴重な植物達がある。

ヤブレガサ、ヒトリシズカ、ヤマキケマン、ダンコウバイ、ミツマタ、コバノカモメズル、コモチシダ、シラガシダ、クジャクシダ、シロバナハンショウヅル、ホタルカズラ、コオニユリ、タカトウダイ、ラセンソウ、コシノコバイモ、オトギリソウ、マツカゼソウ、モミジガサ、カシワバハグマ、モミジハグマ、コウヤボウキ、サラシナショウマ、イヌショウマ、ヒキオコシ、ホトトギス、ヤマホトトギス、フジバカマ、ヒヨドリジョウゴ、アキノキリンソウ、セキヤノアキチョウジ、ワレモコウ、タムラソウ、ミヤマシキミ、ナギナタコウジュ、シモバシラ。

花沢山ではハナイカダ、ウラシマソウ、オニノヤガラ。

これらは生育の場所も一カ所か限られた場所にあり、花期もあるので滅多に見つからない。この山でこれらのどれかに出会うことができれば幸運といってよいだろう。幸い私はこの四年間にこれらを写真に収めることができた。それもこの山に精通された方と出会って情報を頂いたからである。一人ではこうはいかなかったので非常に有難く幸運であったと思っている。これらのうちの多くは、他の場所では珍しくなく普通の植物であるものも多い。亜高山帯などに適応する植物がこんな低山の高草山に生育していることが珍しく貴重なのである。高草山の不思議といって良いだろう。

以前は高草山にあったが、現在

はなくなってしまったかも知れない植物たちもある。ヤマタバコ、エビネ、カタクリ、ショウジョウバカマ、クマガイソウなどである。「焼津の植物」によればこれらの他にイワタバコ、イチリンソウ、ミスミソウ、フシグロセンノウ、ツリフネソウ、ヤマルリソウ、ヤマシャクヤク、オミナエシ、キキョウ、ササユリなどの美しい花たちをはじめとして、私がこの山でまだ出会っていない多くの植物たちの記録がある。

また、スミレは十二種類を私は撮影したが、高草山には二十種類が報告されていてこんな小さな山にこれほどの種類があるのは、全国的にも珍しい驚異の山といえる。

当然のことながら山の植物にも変遷があり消長がある。山が開発されて植林や畑の開発がある。山に車道が通り、多くの人が登ってくる。逆に農業、林業の山に関する関わりが薄くなって林や畑や道の管理がおろそかになる。そうした人の関わりが植物に影響する。環境が変化すればかろうじて命脈を保ってきた植物の生存が危ぶまれることになる。

高草山は山体が大きく、畑があり森がある。深い照葉樹の森や針葉樹の黒森がある。明るい落葉広葉樹林や混交林もある。ヒバリの棲む平原地があり、山頂には低い竹の生えた草原がある。適度に人手も加わる。温暖地と寒冷地の植物が入り混じってその交差点にあるようで、高草山は動植物に特に多様性がある非常に魅力的な山といっていいだろう。これは丁寧に山を歩いて気づいた実感であるが、学術的にも注目されている山であるということは最近知った。

高草山の植物は多様で、珍しい種類が多いので大切にされなければならない。そしてこんなに素晴らしい山が身近にある私たちは、この山を誇りにしていい。

潮山登山道
子持坂
岡部
岡部町役場
朝比奈川
高田
仮宿
朝日山城
静岡大農場
藪田川
中藪田
潮
1 バイパス
潮山 204
清里団地
上藪田
二ツ池
下藪田IC
下藪田
八幡
1
広幡八幡宮
葉梨川
藤岡
N
水守
尾根筋
登山道
0 100 200 300 400m
3cm=400m
1:13300
藤枝

# 追憶の潮山

## 追憶の潮山

私は高草山でいろいろの経験をし、知識を得、思い出を作った。

私は生まれてからこれまで転居はしたがこの町に住んできたので、離れた人が思うほどの故郷という感覚はないのだが、遠い昔を思う時「故郷」という言葉は甘く、懐かしく響いてくる。高草山を経巡《へめぐ》っていると私が少年の日、裏山を駆け回っていた頃を思い出す。そこには懐かしい思い出や失われてしまった風景や驚きの事象があって一項を設けたい気持ちがあった。高草山の記述としては余分なことであるが、これらが山を歩いた現在の現実の記録であるのに対して、ここでは過去の記憶の心象風景になる。過去があって現在があるので両者は補完の関係になって「自然を垣間見る」という一つの物語になって繋がれば良いと思う。

*

私が生まれ育ったのは志太平野の北端になる藤枝市下藪田という所である。市制以前は静岡県志太郡葉梨村下藪田だった。南に志太平野が広がり、背に低い丘を背負った田園地帯だった。昭和五十年頃から志太幹線が整備され、国道一号バイパスが北側を通り、住宅が増えてきて団地もでき、各種大型の郊外店も入って村はすっかり町場に変わった。田圃は虫食い状態でまだ幾分残っている程度である。

下藪田集落は私が子供の頃は戸数六四だった。戦前も戦後も恐らくそれ以前もほとんど変化がなかったのではないだろうか。昔の田舎は家も住人も変わらず、同じような日々が過ぎていったのである。ここ三十年で物の流れが多くなり、人の動きが激しくなって、核家族化が進み、村の様子がすっかり変わってしまった。現在の戸数は五百になる。

「帰山」という言葉があるが「故郷へ帰る」ことをいう。日本は山国で国土の約八〇%が山で、六七%は森なので、故郷へ帰るということは山へ帰ることと同義語になるのだろう。そして故郷の思い出は故郷の山の思い出となる。そこには「山紫水明」の懐かしい風景がある。これが大多数の日本人の心の原風景になっているのではないだろうか。盆と正月に故郷に向かって嬉々として帰る民族の大移動

潮山

を、ほほえましく眺めている私がいる。

私の故郷は私の古い思い出の中にある。それは自分の少年の頃の思い出ということだ。以前子供たちは時間がいっぱいあって、あらゆる場所が遊び場で、野や山を駆け回っていた。私の場合は昆虫少年で天文少年で、野生児という感じがあり、野山が身近にあった。だから私のホームグラウンドは「潮山」ということになる。

潮山は村の北東にあって、尾根が南と西に伸びてその間に村を抱いている。山は村の裏山であり私の遊び場だった。だから私の故郷への思いはこの山の思い出が色濃く、潮山はわが追憶の山なのである。

潮山は標高二〇四ｍで志太平野の北東側にあって、平野に突き出した形になっている。低山だが尾根を南に長く伸ばしていて、南北三㎞、東西一㎞の広がりがある。周囲を取り巻く集落は水守、八幡、潮、仮宿、高田、中藪田、下藪田、藤岡がある。北東に朝比奈川、西に藪田川、南に葉梨川が流れて川で区切られているので、潮山は独立した山塊になっている。

南の焼津の方から眺めれば、三角おむすび形の小山が見え、西の上藪田の方からは「藪田富士」と呼ばれる端正な姿を見せる。東の岡部側からは南北に長く、低い壁のように山が横たわっている。山はどこからもかな

潮山（高草山より）

り急峻なので耕地はあまり発達していなくて、山の本体は鬱蒼とした照葉樹林に覆われている。

山の南と西に分かれた尾根の間の谷から村に向かって沢が流れているが、田に水を引くために溜池が三つ作られていて山の中の良い遊び場になって、ここが私の記憶の中心になっている。ここは「下藪田の三つ池」である。三つ池は大中小の池が土手で仕切られて三つ並んでいて、100―50m、40―40m、30―40mぐらいの大きさで山に囲まれた静かな池だった。現在は池の奥側を国道一号のバイパスが通って奥の池が埋められて二つ池になってしまったが、以前の雰囲気は残っている。

## 遊び場としての山

子供の頃潮山は随分と大きな山と思っていた。高草山から俯瞰すれば丘のような高さなのだが、子供の目、子供のサイズからでは大きく見えた。遊ぶのは専ら裾の方で、登山ではないので山頂への意識はほとんど持っていなかった。子供にとって山は遊びの場であったが、また学びの場であり仕事の場でもあった。子供にできる仕事の分担があったし、また実際に親の仕事である農業やその手伝いもした。

山に四季があって収穫物が変わり、農作業も移ってゆく。山への子供の関わり方も変わって行く。小学生の低学年と高学年、また中学生で異なる付き合いになる。

子供が山に関わる代表的な出来事を季節で区切って思い出してみる。

冬

正月飾り（藁飾り、ウラジロ、ゆずり葉、橙）
ススキ取り（田の神飾り）
柳の枝（二月の繭玉飾り）
落ち葉拾い、薪集め（炊きつけ）
竹スケート（三つ池が凍って、滑れた）
茶、みかんの消毒手伝い

春

よもぎ、つくし摘み
桜取り（節句飾り）
山遊さん（四月三日の村総出の山遊び）
タニシ貝拾い（惣菜、混ぜご飯）
筍掘り
ワラビ、ゼンマイ、ふき取り

お茶摘み
みかんの摘果
観賞木採り（松、つつじ、いわひば）ムギワラ細工

夏

虫採り（ホタル、トンボ、チョウ、セミ、カブトムシやクワガタ、スズムシやマツムシ）
木の実採り（梅、サクランボ、ビワ、川ビワ、ヤマモモ、桑、槙）
水泳（池、川）
魚取り（鮒、ハヤ、鯉、鰻、鯰、泥鰌、ザリガニ、ずがに）
［釣り竿、置き針、竹籠、たも、換え取り、銛、投網］
竹取り（七夕、お施餓鬼、盆棚飾り）
夏休みの工作（木、竹、蔓——虫籠など）
竹鉄砲（紙、じゅうのみ、槙、杉の実）
遊具（弓、矢、杖、鞭、バット、ゴム鉄砲）

秋

アケビ、木苺、山葡萄採り
きのこ採り（シイタケ、ナメコ、木耳）
みかん切り手伝い
ススキ（中秋飾り）
メジロ捕り（鳥モチ作り）
焼き芋（落ち葉）
土蜂取り
ヤマイモ掘り

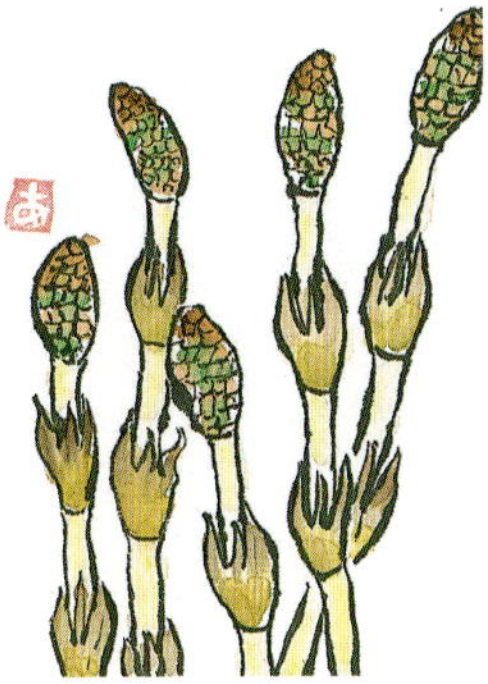

思い出してこうして並べて見ると随分と山に入りよく遊んでいる。そして山の幸とも言うべき恩恵も沢山あった。自然への知識も身について心も体も鍛えられた。

家にはニワトリやうさぎがよく飼われていて、子供が世話をする係りなので餌になる草を採ってきた。好きな草、嫌いな草、毒になる草があって、それを覚えて、どこへ行けば採れるのかも知るようになる。

父親は山小屋で時折タヌキやムササビを捕らえてきて家で飼った。山に行けば危険な蜂もいればマムシやヤマカガシなどの毒蛇もいる。マムシは繋った草むらにはいない。夏は涼しい岩などにいて涼しい季節には日向ぼっこをしているなど、何度も出会えばその習性なども分かってくる。うさぎやたぬきなどにも出会った。

子供の頃の体験や知識は有形、

無形に作用して、その後の私に影響していると思う。山が私を育ててくれて私が山を懐かしむのも当然なのであろう。

## 潮山へ登るコース

潮山は低い山なので登山やハイキングの対象にはならず、足慣らしや子供連れなど軽い調子で上ってくる人が時折ある程度である。道は農道かその延長でコース案内はない。

この山の周囲は全て住宅で、山は低く農地もあるので農道が至る所にあり、どこからも山に登って行ける。ただし最近は農地が荒れて農道の管理が悪くなって、道が通りにくくなった。また潮山本体は高木の樹林に覆われていて道がないと歩けないし、明瞭な道は尾根筋にあるだけである。

潮からは国道線バスがある。下藪田からは二つ池の所を入って行く。藤枝駅から下藪田へは葉梨線か清里団地線のバスがある。池の手前か池の奥に車は置ける。

池は山に囲まれた静かな場所で、桜が多く小さな公園もできていて遊びに来る人もいる。池畔を行くとバイパスの上に出て、トンネルの上を直進して沢沿いに進む。茶園が開けた場所に出て潮山から南に伸びてくる尾根の稜線に着く。ここは稜線の鞍部になっている所で潮地区から登ってくる道と出会っている。国一の藤枝バイパスの潮トンネルの真上になる。潮からはバイパスのトンネルの所から入って竹林などを抜けてくる。

ここからの山道は明瞭で、一度みかん畑へ入り林をくぐり、茶畑の横を過ぎれば頂上に達する。時間は三〇分強である。頂上には電波鉄塔があって小広くなっているが展望はほとんどなく、北西の方面が開けて岡部の方向が見える。

この山は西向きで全面深い照葉樹林に覆われていて、林床には光が届かず、木も草もほとんど生えていない。山頂からの道は登ってきた道と南西に降りる道があるが、この道は最近では途中で怪しくなる。山頂を過ぎて北に向かうと道は消えてしまう。下生えがなく林の中を強引に降りて行くことは出来るので、西に行けば中藪田に出る。ここには上、中、下の三つの藪田にわたって現在は広大な清里団地が造成されている。北東に降りて西に回りこむと高田寄りの中薮田に降りる。北に向かって次の丘を越して行くと朝日山城跡に出る。潮山の東側は地形も複雑で森も深いので降りて行くには危険である。いずれにしてもどこに出るか分からないので、冒険を楽しむ人以外山の北半分には行ってはいけない。

以前北の方から這い登って来た登山姿の二人組と話をしたことがあったが「この山を南から来ればハイキングか散歩だが、北から来れば立派な登山だね」ということになった。

潮山は尾根を南に伸ばして低くなった稜線がバイパス上の鞍部を越して広幡の八幡山まで届いている。志太平野に突き出したこの低い山の連なりは、西に下薮田、藤岡があり、東に潮、八幡があり、南に水守と多くの地域に囲まれている。各地域から稜線に至る道は多数あり、この稜線上には曲がりなりにも道があるので全ての道は潮山に続いている。

潮山は開発の手が入らず、人もあまり入らないので今でも貴重な植物を見ることができる。ホトトギスがあり、シュンラン、コクラン、ショウジョウバカマなど高草山でも見られなくなったものも残っているので嬉しい。

## 子供の頃の潮山

私は下薮田で生まれ育ち、潮山が遊び場であった。長じて藤岡へ住んだので潮山の南に伸びた山を背にして生活し、ここから潮山をよく辿った。これまでずっと潮山の麓で過ごしてきたのである。還暦を過ぎて志太平野の中ほどの大洲に移ってからは関心の対象が高草山になった。

私の山の話は潮山から始まっている。昭和二〇年に終戦になって、この年私は小学校一年生だった。そして山の記憶もこの辺りから始まっている。

当時の冬は非常に寒かった記憶がある。一冬になんども雪が降り、そしてよく積もった。強い寒風に吹き飛ばされてちぎれ雲が飛んでいった。こんな日は山や北国は猛吹雪になっていて、そんな寒さが幾日も続いた。三つ池は全面結氷して、子供たちは下駄スケートや竹スケートを作って氷の上を滑って遊んだ。今では想像もできない寒さであった。

山に入って落ち葉や枯れ枝を拾って炊きつけや薪を調達する

のは子供の役目であった。当時はかまどや風呂は薪を燃していた。父母は野良仕事に忙しく、風呂焚きは早い頃から私の受け持ちであった。

春になると池の土手に春リンドウが薄青色の可憐な花を咲かせて、それを見つけて楽しんだがいつの間にか絶えてしまった。

現在は池の周囲に桜が植えられて春になると名所になるくらい美しい花を咲かせるが、当時桜の木はなかった。

池の周りには柳の木が多く太い枝が水面に突き出していて、夏になると枝から池に飛び込む、格好の遊び場を提供した。夏休みになると私たちは毎日三回もこの池で水泳をした。池の周囲は高いススキに覆われて、腹に触らないように土手から高く飛び込んだ。

池には部分的にムジナモが生え、池を回ったり、中に泳いで行くと温度差があったり足に絡んだりして気持ち悪かった。

山ではヤマモモ、桑、野いちご、ビワ、柿、アケビなどが食べられ、ワラビ、ゼンマイ、タラノメ、ヨモギ、セリが採れ、筍、ヤマイモを掘った。沢や池や川ではいろいろな魚や蟹や貝が捕れた。狙った魚は十指を超える。潮山の西側を、山を取り巻くように流れている藪田川にはカワバタモロコがいる。子供の頃はこの川で釣り糸をたらせば餌が下に降りないうちにモロコが食いついて邪魔になるほど多くいたが、今では絶滅危惧種になって保護されている。カワバタモロコの北限であり、県内でも生息が稀になった貴重種の棲むこの藪田川は有名になっている。

蝉、トンボ、蝶、カブトムシ、ホタル、いなごなども追った。鳥は主にメジロをねらった。

野山は子供にいろいろの遊び場を提供し、子供たちは大きい子も小さい子も連れ立って遊んだ。その中で工夫をしつつ遊びを覚え、人との付き合いを覚え、自然を知り、子供たちは逞しく育っていった。

## 村の行事

当時の下薮田は純農地帯で、田があり、裏山にみかんや茶もあった。戦後の物のない時代から、朝鮮戦争があって日本は復興景気に沸いて、みかんが売れて村の景気は良かった。村の半数が藁葺き屋根だったものが、順次瓦屋根に変わっていった。しかし農作業はほとんど手作業で過酷な労働を強いられていた。茶やみかんや米の繁忙期には子供も作業の手伝いをして野や山に駆り出された。筵《むしろ》や茣蓙《ござ》や草履や縄は父親が夜なべ仕事で作っていた。

村祭りは皆の楽しみで、盛大に行われ、伝統行事も沢山あった。

覚えている行事を挙げてみよう。

一月一日　お正月　里帰り、宮参り
一月七日　七草粥
一月十一日　ドンドン焼き、鏡餅割り、田の神飾り
二月初午　お稲荷さん
二月八日　お繭玉
三月春分　お彼岸（中日ぼた餅、明けだんご）
四月三日　お節句
　　　　　神武さん（山遊さん）
四月八日　お釈迦さま（甘茶）
五月五日　端午の節句（柏餅）
七月初旬　ございい（御祭）
八月七日　七夕
八月十三日　お盆　お施餓鬼
八月十六日　精霊流し
八月二四日　お地蔵さん
九月　お庚申さん（庚申講）
九月秋分　お彼岸（ぼた餅、団子）
十月　中秋の名月
十月十七日　お日待ち、村祭り
十一月　恵比寿講
十二月末　正月準備（お飾り、餅、大掃除、里帰り）

列挙してみると農事、神仏に係わる行事が多く、田、畠、山に繋がっている。わが家にはこのような行事があって毎年繰り返されていた。恐らく日本中の農家で似たようなさまざまの年間行事があって、農家の割合が七割もあって、日本中に古い伝統行事が歳時記のように引き継がれていた。新幹線や大阪万博やオリンピックがあった昭和三八年頃から、日本が急速に工業化され人が都会に移り、農業人

口が減ってくると、こうした行事の中でもすたれていったものがある。故郷の記憶の中で、なくなった行事も含めて懐かしく思い出される。

## 村の文化

当時の村の大人たちのことを思えば、特別な感慨がある。近所の親父さんや村の大人たちを子供はよく知っていたし、大人も子供を恐らく覚えていたであろう。六四戸の小さな村では皆顔見知りで、行事も沢山あって、お互いが親密な交流をしていた。村に自家用車はなく、バスも通っていなかった。地区で最初にマツダの三輪自動車を入れたのは父親だった。昭和三〇年頃だったと記憶している。それまで農産物などの運搬車はリヤカーであり荷車であったので、茶やみかんや米の出荷には大変な苦労をしていた。そしてそれ以上に山の斜面での収穫、運搬、消毒、施肥などの苦労は子供心に大変だと思った。しかし農産物も作れば売れた時代で、父も山を開墾して特にみかんを植えていったので、その苦労たるや並大抵ではなかったと思う。農繁期には人を雇い、子供たちはよく山で手伝いをさせられた。

今思えば、その頃が農家の絶頂期であったと思う。私の年齢では戦後の農、工、商の盛衰を目の当たりにし、激動する物と人の流れを見、そこから派生する夢と現実を経験し垣間見てきた。戦後の五〇年は激動し、今後は更に加速するようでなにやら空恐ろしい。当時の残して置きたい行事や風景があり、人の繋がりのある良き昔があった。それだけに変わってしまった昔が懐かしく、過去が現在への警鐘にもなるのではないだろうか。

農家は、家中が協力して仕事に取り組んでいたので子供にもある程度のことは分かった。村の大人たちは忙しく働いていた。農業仕事は手作業による力仕事の重労働で厳しかった。今思えば、そんな中で大人たちは余裕があったように思う。村にはさまざまな行事があって皆参加していたし、学校行事や選挙なども盛んであった。

村に俳句の会があって、父はその会に参加していた。家の柱には時々半割りにした竹の短冊に父の俳句が掲げられた。

ごさい（御祭）という隣組の集まりは七月の中旬にあって、

田植えが無事に終わって秋の収穫を祈る稲作地域の毎年の行事で、隣組内の回り順番で家に人が寄り集まって飲み食いをした。床にはゴサイバナが飾られた。ちょうどこの時期に咲くヒメヒオウギスイセンでこれは各家の庭に植えられていた。家に大勢の人が集まってお祝いをする農村の行事は子供の頃の思い出になっている。

　どこの村にもあったようだが、「庚申講」も行われていた。九月の庚申の日に村内の仲間が十人程度集まって、酒なしで、朝鶏の鳴くまで夜を徹して話を楽しむ会が催された。村内にグループが幾つかあって、例年同じ顔ぶれでそれぞれ集まったと聞いている。

　このような会は村内の親交、趣味の集まりなどであり、文化的なサロンとしてお互いを刺激して知識や経験を共有していたのではないかと思われる。

　日本の長い歴史の中で、ほんの三、四〇年ぐらい前まで、交通の便は悪く、一番の遠出が隣村だったりする人が多かったし、情報の伝播も少ないので、村内での交流が生活の全てであった。しかしまるで眠ったような村の生活の中に文化の薫りがあった。日本の七、八割が一次産業の農漁村で、そこで文化の継承が行われてきた。作業は厳しかったが、雨の日もあれば農閑期もある。家内や村内の伝統行事も丁寧に実施され、文化的サロンもあった。恐らく日本全国似たような状況があり、藤枝の片田舎でもそれが感じられた。村の大人たちは元気で頼もしく、農業も勢いがあり、村は豊かであった。

　江戸時代中期に松尾芭蕉が日本中を歩いて、行く先々の町や村で俳句仲間があって歓迎され句会を持っているが、地方の文化程度が偲ばれる。江戸時代の三百年間は鎖国で、士農工商の身分の固定があり、人の移動がなく、外からの刺激も、頑張れば上の地位に登ってゆける状況もなかった。社会は停滞していたが、誰にも時間はいっぱいあった。そんな中で江戸時代にさまざまの文化が花開いた。日本の隅々までも、地域で楽しむ集まりや行事ができ、伝統が生まれた。日本のどこへ行ってもその土地に伝統が息づいている。これが日本の良さであり、地域の特徴になり、故郷の芳しい香りになっている。

最近は物や情報が氾濫し、生活のテンポが激しくなってゆとりがなくなっている。都会はもちろん、田舎も、対象にじっくりと向き合うことが出来ないようになっている。そして日本中が似た生活をして均質化している。そういう状況下では伝統も文化も置き去りにされる。高度成長の潮流の中で文化が失われ、忘れられてゆく。お祭り文化の伝統が継続困難になる。地域の特色が少なくなって、故郷の香りが薄くなってくれば、日本人が故郷に寄せる郷愁も色が褪せてくる。

現在のように、輸入に押されて農業の勢いが弱くなって、農家が作物転換や兼業、離農を迫られるようになると、伝統の継承どころではなくなる。農業や農家の健在は切に願う所である。一次産業として国土に根ざした林業、漁業も同様である。

## マツタケ

私がまだ小学生の頃、今から五十五年も前のことである。潮山に山林を持っていて、秋になると父親は早朝に山に入ってマツタケを採ってきた。今もマツタケは貴重な高級品であるが当時も貴重で、父親の得意げな様子を覚えている。早朝に出掛けたのは人に見られないためで、どこから採ってくるかは子供にも教えて貰えなかった。潮山でマツタケが採れることは恐らくわが家の秘密で、他人は知らなかったのではないかと思う。そんなに何度も食べた覚えはないので、たまに採れたのだと思うが、お吸い物やマツタケご飯を覚えている。中学生の頃にその山は開墾して、みかん畑になってしまったのでマツタケに縁がなくなってしまったが、マツタケは潮山の思い出の一頁にある。

マツタケは赤松林に生える。幹を中心にした同心円上に並んで生え、次年度はその円が大きくなる。マツタケ菌は生きた赤松の根に寄生して養分を貰って成長するので、着生すれば毎年生えてくる。ただこの菌は難しい菌で、最近のように空気が汚れてくると育たないといわれるし、生きた松の根でしか育たないので、多くの人が人工栽培に挑戦していまだ成功していない。自然の赤松林でマツタケをより多く生やす試みは成功している所もあるようにも聞くが、現状は産地が衰退しているほうが多いようである。それは環境悪化のゆえで、空気の汚染や酸性雨などが考えられている。マツタケについて言えば自然の精妙さ、自然の脆さが見えるし、この半世紀の環境の悪化が示現されているのだろう。

現在、安倍川や大井川筋の奥山でマツタケが採れているが、平地に近い場所では聞いていない。半世紀も前のことであるが、潮山にマツタケが採れていた事実は貴重な記録なのかも知れない。

## アサギマダラ

アサギマダラは前翅が青く、後翅が茶色の美しい蝶である。開長十五㎝と羽根が大きく、フワリ、フワリと舞う姿は優雅で、光を受けると後翅はピンク色に輝き、私の大好きな蝶である。

この蝶に初めて出会ったのは中学一年生の夏の終わり頃である。私は夏休みの課題に蝶の採集をしていた。仲の良い友達と二人で網を持って、潮山の三つ池の南側の山の茶畑でこの蝶に出会った。

「蝶だ!」と二手に分かれて近寄ったが、一閃で逃げられてしまった。「失敗だ!」「悔しい!」と、暫く近くを探し歩いていたらまた出会った。また二手に分かれて挟み撃ちにして、今度は友達が見事に捕った。初めて見る美しい大きな蝶だった。その時の興奮は今でも鮮烈に甦ってくる。蝶は展翅されて、標本箱に収まり、教室の片隅に展示された。私にとって標本箱の中のアサギマダラは誇らしく、その姿は今も心に燦然と輝いている。当然この蝶は私の最も好きな蝶になった。ただこの時一緒だった友達Yは網を持っていて、そんなに奇麗な蝶を捕ったのに、なぜ私のものになったのか不思議で、なぜか今もチクリと胸に刺さるものがある。遠い昔の記憶の中のことである。

アメリカオオカバマダラという蝶がアメリカ全土にいて、この蝶は冬になると全てメキシコに移動して山の一カ所に集まって成虫越冬するという不思議な性質で有名になっている。アメリカ中の蝶が全て集まるのだから、その場所の木は葉も見えないほどの壮観になる。春になると世代交代しながらアメリカ全土に広がって、秋にまたメキシコに帰る大回遊をする。

アサギマダラはマダラチョウ科の同類で、日本でも唯一同じような行動を取る蝶だといわれている。

私の弟が藤枝の山で、秋にアサギマダラが沢山集まる場所を見つけた。十数年前のことである。山腹の明るい林の中が開けていて、南も北も見通せる場所であった。蝶は十月から十一月にかけて集まってくる。昼に徐々に集まって夕方最も多くなる。翌朝にはほとんどいなくなる。この蝶の渡りは、風の弱い月のある夜に行われるということなので納得できる。この場所はアサギマダラが集団で移動する前の集合場所になっている。この集合は他の蝶がほとんど見られなくなった十一月末まで続く。この蝶は羽根が大きく、長い航続距離を持っているという。秋が長けて遅くなって集まる蝶も目的地に到着できるのである。その目的地は現在不明である。もしもアメリカの蝶のように、日本中のアサギマダラが一カ所に集まって越冬しているとすれば、狭い日本で見つからないのは不思議である。日本中の昆虫学者が血眼で探し、山を歩く多くの人の誰かが目撃しないはずがない。東海筋の蝶は紀伊半島を通って、四国へ渡り、九州から沖縄に渡るのではないかというのが通説になっている。台湾で日本のタッグの着いた蝶を捕った記録もあるという。しかし海を越えて行くのは少し無理がある気がする。紀伊半島の、風の弱い、深い森の中の、東面する、冬暖かな、場所を私は候補に想定したい。この大きな謎がどのように解かれるのか楽しみである。もっとも既に子孫は低山に残しているのでこの蝶が必ずしも成虫越冬する必要はないといえる。

アサギマダラ

## 高校の生物部

　私の高校三年間は生物部の部活動に明け暮れた。もう五十年も前のことであるが、受験競争は始まっていて進学のための圧力はあったが私は部活動を優先させた。部の仲間も同様で部活動は非常に活発であった。昼飯は一緒で、放課後はいつも部室にいて、休日には採集に出掛けた。部内は動物、植物、昆虫、細菌に分かれて、私の担当は蜂であった。部室には多くの先輩が出入りし、古い先輩、近い先輩が来て大学生も社会人もいた。部内の上級生も含めて先輩たちは知識が豊富でいろいろのことを教えてくれた。物も持っていて金回りも良く、よく奢って貰った。田舎出の生徒にとっては見る、聞く、すること全てが新鮮で驚きであった。採集行、合宿行、夜間採集、登山訓練、釣りなどをした。休みの日は自転車を駆って藤枝の山や川へ出掛けていた。部室では標本整理や動植物の同定が主要な仕事であった。採集道具、解剖道具、登山道具などはもちろん、現在では問題なかすみ網、空気銃、青酸カリなども使った。

　春と秋には泊まりの採集行、夏休みには一週間を越す登山で、三年連続で採集をしながら寸又川を遡って南アルプスの光岳に登った。この経験は強烈で、私はそれから山が好きになった。

　部活動の成果は部誌「GEMMER」に纏められた。高草山でアサマイチモンジチョウ、クモガタヒョウモンチョウ、ミズイロオナガシジミなどを採った記録がある。O先輩がウラキンシジミを採って県下の初記録で大騒ぎした。

　潮山ではサカハチチョウが捕れ、五十種の蝶の採取記録がある。大井川支流の寸又川での夜間採集で、蛾のヤガ科で六七種、シャクガ科六八種が採れ、カミキリムシ科で三十一種が記録されている。キク科植物は五十一種など全ての昆虫及び植物の厖大《ぼうだい》な採取記録がある。

　現在もこの部誌は当時の貴重な記録として関係者の資料になると聞いているので嬉しい。部誌は私がいた時は三～五号で、十五号まで発行されたが、その期間が部活動の全盛期であったと思う。

　合宿などの宴会での「デカンショ節」は部歌のようになっていて、歌が始まると次々に発声があって三十分も続き、「たにしどの」という妙な歌も歌った。そして歌はOB会でも歌い継がれて、その時の仲間は「青春の共有者」として今も濃い交流が続いている。部活の顧問の先生は率先指導し、時には生徒の仲間になって良い関係があった。熱心な先生がいてこそ活発な部活動ができた。

その後は進学競争が厳しくなって部活動は低調になっていったようである。部活の先生によると、以前のように動植物を採取して分類し、生態を調べるフィールドワークが主体になるような部活は活性化できるが、現在の生物学はDNAや分子生物学などが先端になっていることなどもあって部活の方向性が多様化しているので纏まりが難しいといわれていた。確かに高校の生物部となれば難しさがあるだろう。子供の関心が生物や自然、そして科学に向かう第一歩は目前の花や虫に対する興味や驚きで、名前を覚えることから入門する。それは小中学校の段階なのであろう。そして高校生になれば一段上のレベルで生物学に対することになるのだろうが、フィールドワークを基本にすることは大切である。

人にとって生物や自然は美しさ、驚き、興味の対象である。そして探究心が芽生える。人が猿だった昔から自然の中で育ち、自然の恵みに支えられ自然に痛めつけられてきた。自然は恩恵であり、恐怖である。人が文明を得て自然から離れつつある今、人の心が無味乾燥になり、荒れてきた。美しさ、謙虚さ、恐怖を忘れるようになった。人は生き物や自然を忘れてはいけないのである。私は自然が好きな人は心に潤いがあり、情緒が安定している人だと信じている。こういう人に心の荒廃はない。

進学競争の只中にいる高校生が生物や自然に関心を寄せているようでは競争に勝てないというような世の中は心配だが、目標とか集中とか競争をすることも必要で、高校の一時期だけは受験優先は仕方がないのかも知れない。そしてそんな時期だけに高校の生物部の存在は意味がある。この進学校にいまだに生物部が存在し、先生も頑張っておいでになると聞いているので感心し喜んでいる。

高校生の頃は、大人になる前で、

私はどのくらいの力があるのだろう。

私には何が出来るのだろう。

私の性格はどうなんだろうか。

私は将来何になればいいのだろう。

真善美の探求はどうするのか。

いろいろの疑問が生じて、自分が何者でどこへ行くのか分からない。文学、芸術、科学に心を動かし、宗教や哲学に向かい、社会性の目も開いてくる。進路や受験で悩み、恋の感情も芽生えてくる。不安で不安定で狂おしい。青春期は心が彷徨し、人生で最も多感な時期である。そして鋭敏で何でも吸収でき、幾らでも成長する。この時期にすることは多く、ここをどう過ごすかはその後の人生を左右する。その時にしっかりとした目標がなくとも、とりあえずは目前の勉強をし、見聞を広げ、本を読んで力を貯めて置くことは大切なことである。

知識偏重教育が行き過ぎて反省され、ゆとりの教育が取り入れられたことは意義のあることで、高校の部活動という情熱を燃やした時期があった自分としては、好ましいことだと感じている。

## 二つ池の桜

藤岡に私が住んでいたとき、潮山は近いので私は時折麓から登ったり、裏山伝いに行ったりして潮山は子供の頃と同じように私の遊び場になってきた。私は長じてもこの山に入り、この山を友として思い出も作ってきた。そのなかで忘れられないこともある。

二つ池の桜は今では大きくなって見頃になってきた。桜は若いうちは枝が上に立つが、二十年もすると大きくなって枝も伸び、横に広がって風情も出てくる。さらに年を経て枝が垂れるようになると見た目も良く、風格も備わってくる。桜の美しさはその時発揮される。二つ池の桜はソメイヨシノで十数本しかないが、良くなった。二つ池は山に囲まれて、学校のグラウンドぐらいとその半分ほどの広さの池があって、上下の土手に大きくなった桜が植わっている。山間の緑の中の静かな水面に桜が映えて、春が美しい場所になって人が見に来るほどになった。

何年か前の桜の散り時にここに行ったことがある。やや強い西風が間断なく吹いていたので、桜の花びらはほぼ水平に流れて散っていた。私は桜を背にして、花びらが私を通り越して水面に吸い込まれてゆくのを眺めていた。風はいつまでも吹いて桜は同じように流れてくる。池面《いけも》には沢山の花びらが浮いて、向こう岸には風に吹き寄せられた花びらの白い帯が出来ていた。頭上の桜は沢山の花びらを散らしても少しの変わりもないように立っている。桜の花はビッシリと着いて無尽蔵にあるようで、果てることなく散ってくる。私は散る花の中に身を置いて、長い間そこに座っていた。花びらが舞い散る様子は華やかに明るく美しい。一方、散るはかなさがあって心はものの哀れを感じて静謐《せいひつ》であった。桜は咲き誇る姿も良いが散る風情も良い。まだ幾分の寒さの残る春風の中で、私は華やかさとはかなさの中にあって、心は気の遠くなるような夢幻の、心地よい陶酔の境地にいた。それは今も私の得がたい体験として桜にまつわる美しい思い出になっている。

池の周りの桜の中に一本だけヤマザクラがある。池の道側の中央の大木である。この桜は戦後まもなく私の父がここに植えたと聞いている。子供の頃の記憶の中で、当時は三つ池で、桜はなかったので、ソメイヨシノ桜はずっと後で植えられたものであり、恐らく三十年近くを経て立派な桜になっている。

この山桜は五十年近い歳月を経て見事な桜になった。幹も太く、枝振りも良い。立っている場所が良く、静かな山中の池の上に枝を伸ばして満開の花を開けば、水面に華やかな影を映して、遠くからも近くからも絵になる。小さな花をびっしりと着け、葉芽は赤く、しかも花と同時に開くので花と葉の白と赤との組み合わせが美しい。周りのソメイヨシノより大抵一週間早く開花する。日本各地に桜の名木があって、花が良く樹形が良く長寿であるが、そのほとんどがエドヒガンであるというが、ヤマザクラも劣らない。

現在全国に普及しているソメイヨシノは、江戸の中期に東京の染井村で発見されて明治の初めに全国に広がった。花が大きく薄いピンク色で、花数が多く華やかさで人気になった。花は

二つ池の桜

全木一斉に咲いて一斉に散る特徴がある。ただ華やか過ぎていささか風情に欠け、木の寿命も問題があるようだ。発見から二百年近くになるが、確認できて現存する最古の木が一八八二年で弘前公園にある。木の寿命が七十年ぐらいといわれ短命ではないかと考えられている。この桜は他の桜より生長が特に早く、早く大きくなり花数が多く華やかに頑張って咲く。ソメイヨシノはエドヒガンとオオシマザクラの交雑種といわれ、その長所を貰って華やかだが、美人薄命の代表例にならないことを願う。

　私は数年前、カメラを持ってこの桜を写真に撮るために三年間通ったことがある。満開の桜はもちろん、葉が繁って緑の深くなった盛夏や赤く染まった桜の紅葉などを定点撮影などして、結果として一冊のアルバムに収めた。十五枚ぐらいの組写真にして、どこかに展示できないかと考えたがそのままになった。父の植えた桜が立派に成長し、懐かしくも静かな場所に立つ姿は私を惹きつける。この桜は当然のことに私の好きな木になった。桜の季節には会いに行き、他の季節にはその姿を想起する。

　日本人は桜の季節になると心がソワソワと揺れて、腰がフワフワ浮いて、桜を求めてワサワサと動き出す。名木、名所を捜してワイワイとワザワザ遠出する。

　「桜狩り」という言葉は江戸時代中期に生まれて、庶民が山野に出掛けて桜を楽しむようになった。帰りには桜の枝を折って、家にまで持ち帰って楽しんだので付いた名だという。今は桜狩りをしてはいけない。「花見」は世界でも珍しい日本の習慣であり、伝統になっている。より良いものを求めてそれも良いのだが、なかなか満足は得られない。きりがないのだ。

　桜に対する思いは各人各様で

あろうが、私は桜を楽しむのに自分の桜を持つことを勧めたい。自分が気に入った手近な桜を作るのだ。もう花が咲くかなと待つのは楽しい。咲く直前のポッと膨らんだピンクのつぼみは美しい。満開も散り際も楽しみたい。秋の桜紅葉も華やかだ。寒風に耐えて春を待つ冬芽も頼もしい。好きな桜を心配し、愛着も湧いてきて一本の桜に心を通わせるようになる。一本の桜は四季を体現してくれる。自然を表し、神秘を見せ、生命を感じさせてくれる。花見には一本の木に通えば済む。玄妙な自然の一部始終を捉えられ、多分花見気分は最高に満たされはずである。好きになった一本の桜に対する思いは恋人に対する思いと似ている。桜に愛情を持つのだ。

　人が美しいものを求める心は濃淡があるが、美の狩人としては一度最高のものを確かめる必要はある。世に名高い桜を知ることは大事な事なのかもしれない。そのために人はいろいろと見て、比べて、納得する必要があり、良い桜や桜の名所を求めて一度は心の漂泊の旅に出て桜行脚するといい。しかし美は多様で最高のものは簡単には見つからない。桜を群れや景色で見ているうちは恐らくまだ入り口の皮相な見方である。そのうちに自分にしっくり来るもの、自分が満足できるものが見つかるだろう。それは多分身近で愛着を持つ一本の自分の桜である。

## アキアカネ

潮山で私は得難い経験をしたことがある。十年ほど前の九月中旬に二つ池を通って国一のバイパスに沿ってトンネルの上にある道を歩いて潮山に登って行った。狭い山間《やまあい》を抜けると盆地状の茶畑に出る。直径百m強の学校のグラウンドほどの土地だ。ここに夥《おびただ》しい数のアキアカネトンボが舞っている。私は一瞬何事が起こったのか分からず呆気に取られて空を見上げた。トンボの群れは全体に緩《ゆる》やかに円を描いて回っている。トンボはこのすり鉢状の広場の空を埋めるほど飛んでいるので数は分からないが数万匹はいるだろう。こんな光景は初めて見た。そういえばアキアカネはこの頃に高山から降りて、里に移る。

　このトンボは変わった生活史を持っている。トンボは卵が孵ってヤゴになり川や池で冬を越す。アキアカネは例外で秋に卵を産んで、乾燥した冬の田圃《たんぼ》で卵の姿で越冬する。晩春に田植えのために田に水が張られると孵ってヤゴになり、六月に成虫になって田圃から一斉にトンボが生まれてくる。乾燥した田からトンボが生まれてくるとはまさに驚きである。水田耕作は有史以前からの日本人の毎年の営みであるが、アキアカネは人間の営む農業に密着して巧妙に生きてきたのである。そして日本中の水田から湧くように大量のトンボが生まれてくる。このトンボはまだ子供のうちに山に上がる。夏の暑い盛りを涼しい高山に移って避暑をしながら成長するのである。夏の登山で二千mぐらいの山の笹原などでこのトンボを見掛ける。夏の間に高い山で成長したトンボは九月に降りてきて低山に移る。そして雄のトンボは赤く婚姻色が現れて赤とんぼに変身して十月には里に降りてくる。日本のどこでも空を見上げればアキアカネが飛ぶようになる。トンボの飛ぶ風景は日本の秋の風物詩であり、日本の古い呼び名が豊葦原瑞穂《とよあしはらみずほ》の国、秋津州《あきつしま》（豊かに葦が繁り稲の穂が垂れる、蜻蛉の国）というのもうなずける。

　山からトンボが里に降りるとき一カ所に集まって一斉に移る現象があるかは知らないが、ここには明らかに沢山のアキアカネが集まっていた。鳥も渡りをする時は大群を作るし、アサギマダラ蝶も集合場所があって群れで移動する。これらの移動は長距離で危険もあって道も不案内な一大壮図で、群れを作って行動するのは当然と思えるが、トンボが山から里に移るのは少しも壮途ではない。それなのに集まる必要があるか疑問がある。結婚前の集団見合いをしてここでカップルを作って里に散って行くか、里へ降りるルートの一時休憩場所かなどと想像してみても寡聞《かぶん》にしてこうした現象の記録を知らないので判断の糸口がない。

　ともあれトンボがここに沢山集まって旋回している光景は珍しく、壮観で得がたい経験として今も鮮烈に思い出す。

　実はアキアカネに似たトンボ

が東南アジア、東アジア、台湾などにも棲んでいる。稲作のアジアモンスーン地帯のトンボである。そしてこのトンボは毎年秋に島伝いに日本に渡ってくる。鳥のように毎年渡りをするとは珍しいトンボもいるものだ。

　十年ほど前の九月の夜に御前崎に台風が上陸したことがある。翌朝吉田町に行くと空に夥しい数のアカネトンボが飛んでいた。その数は恐ろしいほどで、景色が霞んで見えるほどであった。車の窓にトンボが当たり、道にはトンボの死骸が沢山散ってタイヤが滑って早く走れない状況で、みんな徐行運転をしていた。夕方大井川の土手を帰宅する時も踏まれたトンボで道の色が変わっていて、飛んでいるトンボの数もまだ多かった。トンボは台風が台湾で吸い上げてここまで運んで来たものだ。数年前私の弟がタイワンムラサキという日本にいない美しい蝶を採ったのも台風の後の焼津海岸であった。台風は昆虫を強い風で吸い上げて強制的に日本に運んでくるのである。

　私のアキアカネに対する印象は強い。田圃から大量に生まれて、夏に避暑をし、秋には野山に満ちる。南の海からも毎年渡ってくる。潮山や吉田町での遭遇も強烈だ。

　そして秋の赤トンボは日本の秋を深くする。夕日に赤トンボの取り合わせは故里や若い時の思い出を誘って誰もが胸にキューンとくる。夏の盛りが終わって、冬の厳しさの来る前の静かな秋はなんとなく物悲しい寂寥があって、音もなく静かに飛翔する赤トンボが似つかわしい。夏の宴と華やかな紅葉の合間の幕間繋ぎの役者は赤トンボが似合う。赤トンボは秋の素敵な名脇役なのである。

## ヒヨドリ

　これは数年前私が藤岡団地に住んでいた時の経験である。団地の東側に潮山から南に枝尾根のような高みが伸びてきている。その先端は広畑八幡宮の低い山で終わっている。裏山の稜線にも八幡さまの社にも歩けば二十分で登れるので、ここは私の良い散策道になっていた。

　この辺から潮山までは二㎞ほどの距離があり稜線伝いに歩けば二時間で頂上に行ける。この低い山の連なりは志太平野に長く突き出しているので、両裾はビッシリと住宅に囲まれている。稜線を歩けば左右振り分けに眺めがあって気分が良い。花も木も、鳥も虫も季節の変化があって、自然を楽しめる道である。私は春夏秋冬の各季節に一回はこの道を歩くことにしていた。こんな所でも四季の変化は大きくいろんな経験もあった。この辺の農作物の柱であるみかん、茶、筍は競争力が衰えて、畑が少しずつ放棄されるようになって山が荒れてゆくのが分かって寂しい気分になった。そうなると農道の管理がおろそかになり、稜線の草を刈る人が少なくなる。そして私が草を刈り払いつつ歩くのが増えていったのを覚えている。しかしここは見晴らしの良い楽しい道で、道を整備すれば良い遊歩道ができる。左右に農道がいっぱいあるのでどこからでも登って降りることができる。周囲に住む人は多く、人々が健康に関心を持って歩き始めているので、ここに遊歩道ができれば利用者は多いと思う。平地を歩いただけでは負荷は軽いので、低い山道は良い運動になる。歩道だけなら土地の買収がなく、杭などの整備だけで済むと思われるので行政が遊歩道などの整備をして欲しい。自然がぐんと近くなる。

　話が横道にそれたが、この稜線でヒヨドリの大群に遭遇したことがある。十年ほど前の一月の中旬のことである。稜線をずっと歩いて三つ池の上辺りにさしかかって、東側の放棄されたみかん畑で騒がしい声がしていた。ヒーヨ、ヒーヨと騒がしいのでヒヨドリだ。灰色でホッペが赤い中型のお馴染みの鳥だ。この茶園は確か前年放棄された。みかんは霜の来る前の十二月には全て収穫を終えるので、正月を過ぎれば山にみかんはなくなる。みかんは鳥たちにとっては山にふんだんにあって美味しい食糧であるが、一月にはこれがなくなってしまう。ところがみかん園が放棄されれば収穫されずに一月もみかんが成っている。みかんは何年も実を着けるので、鳥たちはここで食糧にありつくことができる。

　この放棄みかん園は縦横百ｍを超す広大なもので、数百本のみかんが植えられて実を着けている。中央が低く谷状になっているので上の槙の境木の所から全体が見渡せる。全ての木に鳥がいるようだ。あっちこっちで甲高い鳴き声がしている。飛び上がったり、木から木へ場所を変えて飛び交ったりしているものもいる。里で聞くキーと鳴く鋭い声がしないので、鳥たちは喧嘩しないで満足に遊び、食事を楽しんでいるようだ。ここは鳥の楽園だ。鳥は仲間を呼び集めたか、昨年の経験を覚えていたか分からないが、ともかくここに沢山集まった。数千羽という数であろう。この辺のヒヨドリが全てここに集まって、里には今残っている鳥はいないのではないかと思うほどだ。放棄園は人の意図せぬ鳥への贈り物になり、鳥はしっかりと頂いている。ヒヨドリは里ではカラスに次いで強い鳥で、行動も素早く抜け目ない。だからこうした山の贈り物もしっかりと頂いている。里で数も増やしているようだ。

私はここで思いがけない光景に出くわしてびっくりした。事象としてはただ鳥が餌を食べているだけなのだが、そのスケールの壮大さは異常で、私の山歩きの経験の中でも初めてのことだ。日頃見慣れた低山でもこんな特異な出来事が起こっている。自然の大きさ、不思議さを垣間見た瞬間であった。

## 野ざらし紀行

若い頃、田部重治の「山と渓谷」などを心躍らせて読んだ。登山黎明期の登頂記や紀行文を読むのも好きだった。そして今古の旅の文学にも触れてきた。山歩きと旅は近い。

私は西行と芭蕉の歌に魅力を感じる。古くからの旅の文学の系譜があって、自然に触れ自然に触発されて感興が生まれてくる。定住、安住は魂の枯渇になり、未知の刺激を求め片雲に誘われて旅に出てゆく人がいる。風雅な旅ではあるが優雅な旅ではなく、その旅は生活を掛け命を掛けた旅でもある。昔の旅は知人のいない見知らぬ土地で、盗賊も出る未開の地なので危険で命の保証もなかった。収入もなく貧乏で、食糧の不安も毎日付いて回る。それだけに出来てくる作品は凄絶で美しく、自然があり真実があり死がある。澄んだ静かさと透徹した潔さがある。現在の明るく楽しい旅とは趣が違う。

太宰治や坂口安吾などの少し反社会的な文学があるが、旅の文学も反社会的ではある。安全で平穏な生活に倦んで、危険で不安定な生活に向かってゆくので反社的なのである。しかし前者は世間に対するもので後者は自然に向かっている。

西行は青年期に栄えある北面の武士の地位を捨てて出家してしまった。恋に破れたとか歌の道に進むためとか推測があるが、未知の道に踏み出したのである。芭蕉は若いとき江戸に出ていろいろの経験を積んで日本初のプロの俳諧師になった。旅を命とした歌うたいは多いが、この二人に山頭火を加えて私の好きな日本の三大旅歌人である。種田山頭火は早稲田大学を出て自由律の俳句をするためにやがて坊主になった。この人たちは生き方そのものが旅といえる。妻子を捨て、家庭を持たず、生活のしがらみがなく、自由に、自然に向き合って生きている。そうした言わば反社会的で自由な生き方の晩年に、ある共通な思いがあるようだ。私も還暦を過ぎて多少とも死を意識するようになってきた。

釈迦は若いうちに生老病死の四苦に直対して悟りを開いた。死を意識し、死とどのように向き合うかは人の大きな命題である。釈迦は八十歳で自分の死を悟ってから弟子のアーナンダ一人を連れて霊鷲《りょうじゅ》山から故郷を目指して歩きだした。激しい下痢で体力が落ちてゆくなかでも歩みを止めることなく長い距離を歩いてクシナガラで倒れた。二対の沙羅双樹の生えた丘であった。釈迦は大勢の弟子のいる寺院で死を迎えることもできたのに、死の旅に出た。釈迦は故郷へ帰りたかったのではなく、死に向かって歩いていった。若くして死に向き合って悟りを得た人が自分の死に対して取った行動が旅だった。人生で事を成しての死出の旅は心明るいものであった。釈迦の最後の言葉は「この世は美しい、人の命は甘美なものだ」というものであった。釈迦は自然に向き合い、自分に向き合う旅に出たのである。二千五百年も前の文字のなかった時代の釈迦の話であるが旅と命について考えさせられることである。

西行は六八歳で京から奥州への旅に出た。当時の平均寿命の二倍にもなる年齢なので死を覚悟した旅である。大仏建立の勧進のためであったようだが、旅を心とする人なので受けたのであろう。西行は満開の桜の下で満月に照らされて死にたいと願ったが、美しい孤独死を望んだのだろうか。

芭蕉には「野ざらし紀行」がある。芭蕉は大きな旅を何度もして自宅をほとんど持たないような生活をしたが、その最初の旅につけた名である。野ざらしとは骸骨のことである。死骸が野ざらしになれば骸骨になる。この旅のどこかで倒れて骨になるかも知れないということである。芭蕉の旅はいつも死を意識して、その覚悟のほどが知れる題名なのである。

　野ざらしを心に風のしむ身哉

　芭蕉の最後の旅は「奥の細道」紀行で八カ月にわたる長旅であった。そして辞世の句は

　旅に病んで夢は枯野をかけめぐる

　乾いた心の印象があるが、旅の心と死に対する心は近いと感じられ、死は旅の延長線のようである。

　山頭火は毎日行乞をして米や銭を貰い、句作と酒を得た。友達が心配して住職の世話を紹介してもやがて元の旅の暮らしに戻ってしまう。今日喜捨が多くて明日に残せば、明日は怠惰の心が起こって心が鈍《なま》るとする克己心を持っていた。ただし、そこでその日に全部飲んでしまうのは見事といえるかどうか。死を覚悟してからの最後の旅は四国へ渡っている。しかしそこでは死なず、自宅で友人を集めた宴会の後の皆いなくなった朝に入り口に倒れている所を発見された。六〇歳であった。

　木喰上人は九十歳を過ぎて大願を成就して故郷へ帰った後、旅生活の道具である笈を置いたままにして黙然《もくねん》と姿を消して、どこで死んだか分からない。

　これらの死に共通するものは旅である。そこには死に正対して、しかも受容する姿勢がある。自然の中に分け入って孤独に死を迎える覚悟がある。どこかで「のたれ死に」する願望がある。自然の中で自由に生きた人は、人知れず死んでゆくのが良いのかも知れない。それは旅の行き着く果てである。

　チベット仏教はラマ教が中心でその経典は世界三大宗教より

優れているという人もいる。輪廻転生の思想は人々の生活に深く根付いて、死を恐れずむしろ喜んで迎えると聞く。宗教の行き着く先としてそのような境地があって、人々がそれを信じるのならそれは素晴らしいことだ。インドのヒンズー教やバラモン教は北部インドの古い宗教であるが、多神教で霊魂はあるとする。この思想は仏教に影響して大乗仏教として中国、日本の仏教に伝わった。

キリスト教や回教が一神教なのに対して東洋の宗教は多神教である。ラマ教もヒンズー教も仏教にも沢山の神がある。自然崇拝のアニミズムは自然発生的で原始的といわれる宗教で多神教である。それでも神は絶対的な天の法として位置着けられて神格化され成文化され宗教化される。東洋の宗教は根底に土着のアニミズムがあって仏教もこの影響下にあり、幅広い受容、寛容の精神がある。これが東洋思想の根底を成すだろう。二一世紀は先鋭的で他を排除したがる一神教の西洋宗教は向かず、東洋の宗教が光を放つといわれる。私は半年間のインド生活をしたが貧しくとも明るく生きている人々がいた。宗教を信じ、生活に深く宗教が入り込んで生きているように映った。

インドでは六十歳になれば仕事も社会も家族も捨てて旅に出てゆくことを許される風習がある。人生を一所懸命生きた後は自身の道を生きることが許されるという。出家してヨガ僧になり聖人を目指す人も多いという。

ヒマラヤから流れてくる大河ガンジスは聖なる河としてここで沐浴するのがインド人の一生の願いである。家を捨てた人も最後は川岸に集まってくる。死んで大河に投げ込まれて一生を終わるのが最高の死に方であるという。最近では衛生上荼毘《だび》に付して流すようになったらしいが、簡単なあっさりした死に方である。輪廻の思想は、死は人の姿を変えるだけで魂はまた戻ってくる。死は別の世界への楽しみであり喜びである。この世の人生は一瞬の間の出来事で、そんなに大事《おおごと》ではないのである。仏教の最高経典である法華経に登場する多くの仏たちも劫を経る長い年月死に変わり、生き変わりして師に学び徳を積み善行を行いようやく菩薩になった。これは大乗仏教の教えであり、人はいかに生きるべきかの一つの回答である。

広大な土地に十億の人口を抱え、暑く貧しく混沌のインドでは家出、ヨガ生活、のたれ死もあり得るが、戸籍があり秩序がある現在の日本では許される生き方ではない。歌に夢を追い、出家などをして自然に向き合って立派な作品を生み、自然の中で死んだこれら先人たちの生き方、死に方を好ましく思いはすれ、反社会的で変人たちの辿った道である。

自然は過酷であり、非情である。同時にそこには美があり、夢がある。そして自然の大きさと悠久があり、それに比べる人の生の短さや小ささが対比される。そしてそうとすれば限りある貴重な命を懸命に生きて、しかも軽く自由に明るく生きる生き方がかなう。

人は意識の濃淡の差はあるが、誰も死に向かい合っている。若い時は、死は怖いものであるが関心は高くない。年を取って死が近づいて来れば死への意識は強まってくる。若い時の死の意識は怖いものであったが、還暦を過ぎ定年を迎える頃には厄介なものに変わってくる。チベット人のように「死が慕わしいもの」と思うまでには変わりはしないが、歳をとって死に向き合ってみれば「死」に慣れてくる。死を哲学的に理解したり、宗教的な悟りに至らなくても「この辺でいいか」「人生こんなものか」と理解し、納得する。「良いことも、悪いこともいろいろと経験したな」「もう、私もこんなものか」と諦観し、夢は小さくなり、従容として死と接するようになる。やがて生物は死に、もとの水素と酸素と炭素に戻って、また別の生物に組み入れられ、別の有機体として移り変わってゆくのである。これは生命体としての物質の自然の摂理であるが、輪廻転生の姿でもある。

悲しいかな凡人は年を重ねても、崇高な悟りの境地に至らず、生をなんとなく諦めて納得して、死に向かい合う。死をしっかりと見つめれば生の意識が強くなって、人生を大切に明るく生きる思いが強くなる。自分だけでなく人も自然もいとおしくなる。

若い頃から「人生とは、死とは、宗教とは、哲学とは」と考えてきたが、その結果は「日暮れて道遠し」であり、自己の確立にはほど遠い、もはや「人生の諦めの境地」に入ってきて、愕然としている。そして「私の人生はどうだったのか」「一所懸命に生きたのか」振り返っている。

これからはもう少し自然の中へ踏み入って、自分を解放して自由に振る舞って、人生を楽しもうと思う。

それは孔子の「論語」にいう「不惑」や「知命」の年を過ぎて、人の言動を素直に理解する「耳順」や己の欲する心に従いて則を越えずの「従心」の境地への願望である。

## 広幡八幡宮

潮山の南に伸びた山の連なりは低く長く伸びて国道一号に当たって消える。その先端の小山は広幡の八幡神社になっていて全山が社域である。

私はこの山の北側の藤岡団地に三十年住んで、十分で行ける距離なのでこの山で子供を遊ばせたし、私の普段の散歩道にしていた。春は桜が美しく、夏は涼しい木陰を提供してくれて、秋の感傷も味わった。気が向けばそこから更にあちこちに足を伸ばしたものだ。だからこの山は私にとっては親しく懐かしい。

引っ越ししてから久し振りに、この秋ここを歩いてみた。藤枝市街から国道一号を東に抜けて葉梨川を渡ると左手にある小山である。この山の上に立派な「青山八幡宮」があり、旧広幡村の総社としての格式があり「広幡の八幡さん」と呼ばれている。国道一号から北に入れば百mの所に銅葺きの大鳥居があって、ここが神社の入り口になっている。広場の右手に社務所があり、奥に遥拝所があって、ここから車道が上がっている。車道はもう三〇年も以前に作られて頂上の社殿近くまで届いているが、それ以前はここに参道が通っていた。

鳥居をくぐると、しめ縄を張った杉のご神木がある。樹齢八百年の見事なものだ。車道を行くとすぐに、右手に石段があって参道が分かれる。ここを上に入って行くと道脇にいろいろな植物が見られる。シダが多い。イワガネゼンマイ、ベニシダ、フモトシダ、ミゾシダなどがある。アリドオシが多く、ハナミョウガ、ミズヒキもある。センリョウが何株もあって実を着けている。野生のセンリョウを見るのは珍しく、神聖な神社境内になっているこの山に生えているのもそぐわしい。千両は正月飾りなどに使うおめでたい木である。

参道は随分と荒れている。下に車道が通ったので石や木の根で不安定な参道を行く人がほとんどなくなったのである。いろいろの草や木のあるこの道を辿れば、季節の変化もあって私は好きな道であった。参道が宮下の石段に出会うと、右上に社殿が見える。

本殿は十数年前に全焼して、今は新しい立派なものが建てられている。京都の石清水八幡宮の別院として、源義家が奥州出向の折、京の男山と似た山を見て建てたという古くからの神社だ。

社殿の前に大きな榎があって、夏には沢山の蝉が止まって鳴いている。私がこの山で特に印象深かったのは数年前の蝉の合唱である。

この山は直径三百m、高さ五十mぐらいの円形の小山であるが、高い木に覆われてかなり存在感のある山である。南面は照葉樹林の高い木が覆って、鬱蒼とした森になっている。北面は杉の植林があってやはり高木の森である。東面は雑木が多いが竹も入り込んでいる。年経た太

八幡さん

い杉が沢山混じって生えている。この山は神社の森で「千古斧を入れぬ」不伐の神域となっている。

ここの森には深い土があって、木の根がからみ合っている。蝉は長年土の中にいて、枯れ葉や木の根から養分を得て生きてゆく。そして踏み荒らされず、掘り起こされず、切り倒されることもない神社の森は、蝉の生息環境には非常に良いようだ。だからこの森には驚くほどの数の蝉がいる。

数年前の八月二十日は日曜日であった。この日は全山蝉の大合唱であった。遠くから山に近づいてきて、山が非常に騒々しいのが分かった。山に入ればその騒々しさは恐ろしいほどであった。山全体が蝉の鳴き声に包まれている。蝉の声は夏の象徴

なので、この時この山は夏の真っ盛りであった。この辺りにいる蝉はニイニイ、チッチ、アブラ、クマ、ミンミン、ヒグラシ、ツクツクホウシなので、ここではその時これら全ての蝉が鳴いていた。補虫網があればすぐにも全種の蝉を捕ることができた。

蛇足になるが、蝉取りで網に入ったとき、網の口を上に向ければ蝉は逃げないことを知っているだろうか。袋を上向きに開けていても捕まった蝉は絶対に逃げないのである。蝉が止まっている木から飛び立つところを観察すると、蝉は足で蹴って飛び出すのではなく、足を離していったん下に落ちてから飛び立つ。蝉が網から逃げない訳は掴む、離す、落ちる、飛ぶという蝉特有な動作が影響しているからではないかと思われる。あるいは単に羽根に比べて体が重いので網の中では飛び立てないのかもしれない。

ミンミンゼミは蝉の中では姿が良くて、声も良いが、アブラゼミ、クマゼミなどに比べると数は少ない。しかしこの山にはミンミンの数が特に多い。不伐という環境が良いのかもしれないが、嬉しいことだしこの山の自慢にしても良い。

社殿の前の大きな榎にもいろいろな蝉が、幹が隠れるほどに止まって、お尻を振り振り鳴いていた。各地に蝉の特に多く集まる「蝉の木」があるが、そんな光景に久し振りに出会った。

そして次の日曜日がきた。一週間後に来た山はうそのように静かになっていた。蝉の声は少なくなった。鳴いているのはカナカナカナと鳴くヒグラシとツクツクホウシの声だけだ。山は一週間で劇的に変わったのだ。甲高く、大声で、騒々しく鳴いていた夏の蝉たちは一斉に姿を消して、澄んだ鳴き声の持ち主である秋の蝉が残っている。蝉の出場と退場の時期があって、種類によって微妙にずれていて、お盆を過ぎれば順次姿を消してゆく。年によっては同調することもあるだろう。その年は一斉に退場した。私はその年、あまりの変化の大きさに遭遇して驚嘆した。自然は時に、その移り変わる変化を掴み出して「どうだ」とばかりに劇的に見せてくれるのだ。この山の蝉は強い印象として今もよく覚えている。

話は変わるが、昔お祭りは盛んであった。今も盛んであるが、昔にはかなわない。戦前もそうだっただろうが、戦後も楽しみ

が少なかったのでお祭りは賑わった。村の鎮守のお祭りには、家を出た親類などが大勢帰ってきて、大変なご馳走が出た。子供にとってもお祭りは大きな楽しみで、お祭りがあれば近くはもちろん、遠くまで仲間と出掛けていった。私も「お祭り小僧」で、懐かしい祭りが多い。綿菓子、タンキリ飴、たいやき、金魚すくいなどよく覚えている。トントントンと太鼓が鳴り、ドーンと花火の音が聞こえると今も心が騒ぐ。

私が藤岡団地に住んで、広幡の八幡さんは手近になった。九月の祭礼になると朝から花火が上がるし、近くなので笛や太鼓の音も聞こえてくる。祭り当日は若い衆が大きな神輿を担ぎ出し、山から急な石段を降りてくる。広場でひと暴れしてから町を練り歩く。境内の広場では古式に従う笛や太鼓の音に乗って華やかな稚児踊りが奉納される。人出は徐々に増え、祭りの喧騒は時間と共に高まって、沢山並んでいる屋台の店が繁盛する。昔は出店の明かりにカーバイドランプが燃やされて、その匂いが祭りの記憶として懐かしい。そして夜の花火が打ち上がる頃には、華やかな浴衣や祭り衣装に着飾って老若男女が屋台をのぞき、花火を追って祭りを楽しむ。

どこの祭りも同様で、毎年同じ繰り返しなのだが、出掛けてゆけば知った人にも大勢出会い、明るいさんざめきの中で思いっきり心が解放される。お祭りはその地に根付き、神聖で華やかなその地に咲く大輪の花なのである。地域の人たちの大きな努力と長い時代の継承がある。私はこれまでお祭りに沢山の楽しみ喜びを貰った。多くの人にとっても恐らく同様で、お祭りに心を寄せる。祭りは地域の行事として大切にしていきたいものなのである。

広幡の八幡さんに栄えあれ。

## あとがき

一年間、高草山を歩き回って山の四季の変化を追った。

低山でも季節の変化は大きく、ひと月経てば山は別の景色になる。春の芽吹きや秋の紅葉の頃は半月で山の様子が変わってしまった。この一年は山の変化、季節の移ろいを見逃さないように山に入ったので、忙しかった。

この本は山を広範に捉えようとして広く浅く一般的な事象を取り上げた。草も木も、虫も鳥も普通の種類、よくある出来事を記録したので山を歩けば誰でも出会うことができると思う。子供たちにも自然に接して欲しいし、そのためにこの本を利用して欲しいと思う。多分この本は低山の図鑑のように活用して頂けると考えている。ただ注意して欲しいのは、動植物は棲み分けていて季節とコースが合わないと出会えないし、珍しい植物は数が少ないので発見が難しい。注意力、観察力も要る。鳥や虫に出会うには偶然が左右する。この本のように歩けば全てに出会えるかといえば疑問があるが、事実を書いたので、根気良く歩けば出会えるはずである。一つ言って置くなら自然観察は上下左右をキョロキョロして登山の歩みの三分の一の速度になる。

この本の写真は植物については実際の高草山のもので、一部植物に大変詳しく良い写真を撮る焼津の好事家の方からご提供頂いた。蝶、蝉、トンボなどの昆虫の標本の多くは岡部町新舟の昆虫館所蔵の標本を撮らせて頂いた。同館には沢山の昆虫が展示されているが数%に過ぎず、その十倍以上の所蔵があり、館長さんは日本はもとより現在も世界中を飛び回って昆虫を集めている。鳥も自分では撮れないので、神奈川県の石田文雄さんなどからインターネットで引用させて頂いた。絵は友人で静岡市の長井あや子さんの作品である。多くの方のご好意によってこの本ができたことに感謝して、皆様に厚くお礼申し上げます。

この山に限らず山を歩いていて感じることは里山の荒廃だ。耕作地が廃棄されて山が荒れている場所が目に付く。茶、みかんなどの畑や道も人手が入らなくなっている。竹林や植林地も同様である。美しい日本の自然、管理された里山の景観が失われてきている。農業が衰退しているのだ。山の荒廃を見るにつけ、山の自然、村の文化を守ることが大切で、そのために何をすればいいのか考える時期にあり、村の産業の確保が望まれる。林業、漁業を含めた一次産業の振興、農漁村の活性化が必要である。

参／考／文／献


1．畔上能力、他「春の山野草と樹木512種」、「夏編、秋編」講談社
2．北村四郎、他「原色日本植物図鑑上、中、下」保育社
3．岩月善之助「しだ・こけ」山渓社
4．姉崎一馬「野山の樹木」山渓社
5．金田洋一郎「庭木・街路樹」山渓社
6．岩瀬徹「日本の山野草」成美堂出版
7．永田芳男「高山の花」山渓社
8．木原 浩「山の花」山渓社
9．今森光彦「野山の昆虫」山渓社
10. 井上清・他「トンボのスベテ」トンボ出版
11. 三木卓「日本の昆虫」小学館
12. 高橋伸二「日本の野鳥」小学館
13. 小柳康蔵「おじいちゃんの植物記上・下」山渓社
14. いがりまさし「増改・日本のスミレ」山渓社
15. 戸塚恵三「東海道と文学」静岡新聞社
16. 牧野・池田「円空と木喰」惜水社
17. 斉藤靖二「日本列島の生い立ちを読む」岩波書店
18. 黒田啓介「数十万年前の東海地方はどうなっていたか」近代文芸社
19. 岩井昭夫、他「焼津市の植物」調査記録
20. 井上靖「西行・山家集」学研M文庫
21. 江原・尾形「おくのほそ道」角川文庫
22. 湯沢賢之助「野ざらし紀行」新典社
23. 大山澄太「俳人山頭火の生涯」弥生書房
24. 瀬戸内寂聴「釈迦」新潮社
25. 日本の古典を見る「伊勢物語」世界文化社
26. 渡辺宝陽「NHK、こころをよむ・法華経」日本放送協会
27. 月刊誌「山と渓谷」02～03年版
28. 杉山元衛「歴史散歩・焼津、藤枝…」静岡新聞社
29. 日本林業技術協会「里山を考える　101のヒント」東京書籍
30. 川崎順二「花に出合う山歩き」静岡新聞社

●写真さくいん●

## 著／者／紹／介

**鈴木　紳弌（すずき　しんいち）**

昭和13年　静岡県藤枝市下薮田生まれ
　　　　　葉梨小、葉梨中（理科部）
　　　　　藤枝東高（生物部）
　　　　　静岡大、農学部、農芸化学科（サッカー部）
　　　　　日本紅茶（株）・研究室（17年間）
昭和41年　藤枝市藤岡に居住
　　　　　石原水産（株）・研究室（20年間）
　　　　　（株）ヤギショー・研究室（6年間・現職）
平成10年　藤枝市大東町（現住所）

（業績）
　　　　　特許 7件、実用新案 7件
　　　　　農水省受託研究事業：「魚肉蛋白変性化製品」
昭和31年　鈴木梅太郎賞
平成14年　静岡県知事賞
平成15年　文部科学大臣賞

（団体）
　　　　　静岡県バイオテクノロジー研究会・会長

著者住所
〒426-0044　藤枝市大東町1049-2



静岡県・高草山
**低山の四季博物誌**

2005年6月1日初版発行
著者／鈴木紳弌
発行者／松井純
発行所／静岡新聞社
〒422-284
静岡市駿河区登呂 3 - 1 - 1
電話 054-284-1666
印刷製版／図書印刷
ISBN4-7838-0540-7 C0045